湖南省职业教育优质教材
职业教育新形态教材

无人机装配与调试技术

于坤林　主编

化学工业出版社

·北京·

内 容 简 介

本书是校企合作共同开发的新形态一体化教材,全书共分为4个项目,23个工作任务,系统地介绍了无人机装配工艺及工具材料认知、多旋翼无人机装配与调试、固定翼无人机装配与调试、无人直升机装配与调试等相关知识。本书在职业教育专业教学资源库的教学平台上建有该课程教学资源库,包含了该课程丰富的数字化教学资源,读者可登录网站下载或者在线观看学习。另外本书在正文相应位置以二维码的形式增加了相关学习微课视频内容。所有任务的工作任务单,学习者可以登录化学工业出版社教学资源网(www.cipedu.com.cn)下载打印,可作为活页,方便学习者使用。

本书适合作为高职院校无人机应用技术专业教材,也可作为无人机装调工的培训用书,还可作为无人机爱好者的自学用书。

图书在版编目(CIP)数据

无人机装配与调试技术/于坤林主编.—北京:化学工业出版社,2023.5(2025.1重印)
职业教育新形态教材
ISBN 978-7-122-41304-8

Ⅰ. ①无… Ⅱ. ①于… Ⅲ. ①无人驾驶飞机-装配(机械)-职业教育-教材②无人驾驶飞机-调试方法-职业教育-教材 Ⅳ. ①V279

中国版本图书馆CIP数据核字(2022)第072491号

责任编辑:韩庆利 葛瑞祎　　　　　　　　　文字编辑:宋 旋 陈小滔
责任校对:边 涛　　　　　　　　　　　　　装帧设计:王晓宇

出版发行:化学工业出版社(北京市东城区青年湖南街13号 邮政编码100011)
印　　装:涿州市般润文化传播有限公司
787mm×1092mm 1/16 印张10¼ 字数271千字 2025年1月北京第1版第2次印刷

购书咨询:010-64518888　　　　　　　　　　售后服务:010-64518899
网　　址:http://www.cip.com.cn
凡购买本书,如有缺损质量问题,本社销售中心负责调换。

定　　价:35.00元

前言
PREFACE

本书落实立德树人根本任务，注重铸魂育人，突出了爱国主义教育，有机融入了课程思政，注重培养学生的安全责任意识、规章意识、创新精神、职业精神、劳动精神、劳模精神、工匠精神。本书注重服务国家战略，对接低空经济战略性新兴产业发展需求，适应国家职业教育教学改革要求。

本书紧密对接无人机应用技术专业国家教学标准，内容科学，以无人机应用技术相关企业的真实工作任务和案例作为载体，有机融入了行业企业岗位需求，反映了国内无人机应用相关行业和企业的新知识、新技术、新工艺和新规范，体现了职业教育特色。本书编排方式科学，依照无人机应用技术专业技术技能人才成长规律和学生认知规律；符合知识与技能教学规律，由浅入深，由易到难，将本书内容设计成4个项目共23个工作任务，在编写工作任务时又按照任务描述→相关知识→任务实施→巩固练习等环节进行编写，每个项目后面巧妙地融入了课程思政教育。本书适应项目式、模块化教学模式改革需要，以工作手册式形式呈现，特色鲜明，编写规范，文字通畅，通俗易懂。

本书详细介绍了无人机装配工艺与工具材料以及多旋翼无人机、固定翼无人机、无人直升机的装配、调试方法和要求；突出无人机装配与调试等知识的运用和技能训练，在编写过程中力求体现"教、学、做一体化"特色，在技能训练中讲述理论知识，将理论知识直接应用到技能训练当中。

本书是校企合作共同开发的新形态教材，已在中国大学MOOC平台上建有精品在线开放课程，包含了该课程丰富的数字化教学资源，敬请读者登录网站下载或者在线观看学习。本书在正文相应位置以二维码的形式增加了相关学习微课视频内容。所有任务的工作任务单和教学课件可登录化学工业出版社教学资源网下载，方便读者使用。

本书编写分工如下：项目1、项目3、项目4由长沙航空职业技术学院于坤林编写；项目2由长沙航空职业技术学院王怀超、史云霞，江苏蓝鲸智慧空间研究院有限公司胡爱华共同编写。本书由长沙航空职业技术学院于坤林教授主编并负责统稿。

在本书的编写过程中得到了无人机制造和应用相关企业的大力支持，湖南斯凯航空科技股份有限公司、湖南精飞智能科技有限公司为教材的编写提供了基础资料和有益帮助。

湖南斯凯航空科技股份有限公司刘鑫高级工程师对本书的编写提出了宝贵的意见，在此表示衷心感谢！

由于水平有限，书中不妥之处在所难免，恳请读者批评指正。

编　者

目录
CONTENTS

项目 **1**
无人机装配工艺及工具材料认知

 【学习目标】

知识目标

1. 掌握无人机装配工艺；

2. 掌握无人机安全操作基本知识；

3. 熟悉无人机常用装调工具和材料的功用；

4. 掌握无人机常用装调工具和材料使用方法。

能力目标

1. 能够正确地选用无人机装调工具和材料；

2. 掌握常用的无人机装调工具和材料的使用技能；

3. 能够熟练地使用无人机装调工具和材料对无人机进行装调；

4. 能够按照工艺流程安全地装配无人机。

素质目标

1. 践行社会主义核心价值观，具有坚定的理想信念、深厚的爱国主义情感和中华民族自豪感；

2. 培养吃苦耐劳的精神和严谨细致、规范操作的工作态度；

3. 具有环保意识、工匠精神；

4. 具有耐心细致、精益求精的工作态度，养成科学务实的工作作风。

任务1.1　无人机装调安全操作

【任务描述】

在对无人机进行装调工作时一定要注意安全操作。了解防火安全、易燃性材料防护、眼睛防护、工具设备使用的安全规定、电气设备使用的安全规定等安全防护知识，才能够确保无人机操作安全。本任务主要介绍电气设备使用的安全规定、防火安全、眼睛防护、工具设备使用的安全规定。

笔记

【相关知识】

1.1.1　电气设备使用的安全规定

① 必须熟悉电气设备特性及使用要求，严格按安全操作规程操作；

② 电源和设备必须有良好的接地线，并且火线、零线连接要正确；

③ 使用符合容量要求的电缆、插头、插座；

④ 插头、插座接触良好，导线要有良好的绝缘，绝缘破损的裸露导线必须更换；

⑤ 在合车间电闸之前，应检查全部电器的开关均在关断位，才能合闸，在打开车间电闸之前，应检查全部电器的开关均在关断位，才能打开闸；

⑥ 当衣服、手、鞋是湿的时候，不要接触电器，以防触电。

1.1.2　防火安全

（1）电气设备的防火措施

① 经常检查电气设备的运行情况。检查接头是否松动，有无电火花产生，电气设备的过载、短路保护装置性能是否可靠，设备绝缘是否良好。

② 合理选用电气设备。有易燃易爆物品的场所，安装使用电气设备时，应选用防爆电气设备，绝缘导线必须密封敷设于钢管内。应按爆炸危险场所等级选用、安装电气设备。

③ 保持安全的安装位置。保持必要的安全距离是电气防火的重要措施之一。为防止电气火花和危险高温引起的火灾，凡能产生火花和危险高温的电气设备周围不应堆放易燃易爆物品。

④ 保持电气设备正常运行。电气设备运行中产生的火花和危险高温是引起电气火灾的重要原因。为控制过大的工作火花和危险高温，保证电气设备的正常运行，应由经培训考核合格的人员操作使用和维护保养。

⑤ 通风。在易燃易爆危险场所运行的电气设备，应有良好的通风，以降低爆炸性混合物的浓度。其通风系统应符合有关要求。

⑥ 接地。易燃易爆的危险场所的接地比一般场所要求高。无论其电压高低，正常不带电装置均应按有关规定可靠接地。

（2）灭火注意问题

① 灭火前应尽快关断电源；

② 灭火时应使灭火剂对准火焰根部喷射；

③ 有些灭火剂遇热能分解出有毒气体，注意不要吸进灭火时产生的气体，进入火区时，要从上风方向或火头低的方向顺风进入；

④ 灭火时，一开始就全开灭火器，火焰熄灭后，要继续喷射一些灭火剂，以防重新燃烧；

⑤ 在发动机上只有紧急时才用泡沫灭火剂灭火，但在使用泡沫灭火剂后，需及时清洗发动机；

⑥ 人体着火时，受害人应尽快撤离火区，撤离时不要奔跑，尽可能屏住呼吸，可在地上打滚，裹以毡布，或用水喷灭火。使用化学干粉、泡沫或高压水龙头灭火时，要避免直接喷射到受害人身体，以防受伤。明火扑灭后应立即送往医院救治。

1.1.3 眼睛防护

在下列环境中工作或操作下列机器设备时，应戴上合适的防护眼镜：

① 铆接、錾凿、打孔、冲压，以及用软金属工具敲击的工作等。

② 弯曲、成形、矫直、紧装配等用金属手动工具对设备和材料敲击的工作。

③ 切割时会甩出碎屑的工作，不仅直接操作的人员要戴防护眼镜，在其周围工作的人员也需戴防护眼镜。

④ 用手动工具锯、钻、刮和木工刨削的工作。

⑤ 操作砂轮机、喷砂机、抛光机和金属丝砂轮时。

⑥ 操作车床、铣床、锯床、刨床、磨床、拉床、电火花加工机床、冲床等时。

⑦ 使用圆锯、径向锯、粗齿锯、带锯、榫锯、斧、刨、挖刻工具、砂磨机和电钻之类的木工机械时。

⑧ 在酸、碱喷洗和其他有害液体或化学药品作业时必须戴上面罩（如充电、电镀车间）。

⑨ 焊接和等离子喷涂，需有适当色泽的护目镜、头盔或面罩，焊条电弧焊或氦（氩）弧焊时，应戴焊接头盔。

⑩ 在强烈阳光照射的机体表面或雪地条件下工作时，需戴适当色泽的护目镜。

1.1.4 工具设备使用的安全规定

① 对领用的工具设备，使用者在使用前应检查其工作是否正常。

② 所有工具设备的使用者应严格执行"三清点"制度：工作前清点，工作地点转移前清点，工作后清点；对于丢失的工具应立即报告。

③ 维修设备必须保持完好和清洁，工作结束后应按规定放回到规定的区域内，机动设备应将动力源关断，备有刹车和稳定装置的设备应将其置于规定的状态。

④ 判断工具量程是否在适用范围内：仔细阅读工具、设备的使用说明书，选择适当的量程。

⑤ 对计量工具设备，检查校验标签，确认是否在其有效期内。

⑥ 禁止使工作梯、特种车辆直接接触飞机（一般应保持2.5~7.5cm距离）。

⑦ 完成工作后，需再次清点所用的工具、设备，在确认工具、设备无丢失、无损坏后，将所用的工具、设备恢复到初始状态。

📋 笔记

【任务实施】

技能训练任务：无人机装调安全操作

1. 训练目的

　　通过无人机装调安全操作，掌握防火安全、易燃性材料防护、眼睛防护、工具设备使用的安全规定、电气设备使用的安全规定等安全防护知识，为后续无人机的组装与调试打下基础。

 笔记

2. 训练内容

工作任务单

任务名称	无人机装调安全操作		
工具/设备/材料			
类别	名称	单位	数量
设备	电气设备	台	1
工具	灭火瓶	个	1
	防护眼镜	副	1
	常用工具	套	若干
	静电敏感防护盒	个	1
	防静电手腕带	副	1
材料	灭火剂	瓶	1
	易燃材料	种	若干
	警告牌	个	1
1.工作任务			
无人机装调安全操作			
2.工作准备			
(1)准备好灭火剂和灭火瓶,检查设备的有效性;			
(2)准备好电气设备,检查设备的有效性;			
(3)准备好防护工具和材料,检查工具的有效性,材料应符合标准			
3.工作步骤			
(1)灭火器灭火操作;			
(2)电子设备静电防护操作;			
(3)眼睛防护操作;			
(4)工具设备安全使用操作;			
(5)电气设备安全使用操作			
4.结束工作			
(1)清点工具和设备			
(2)清扫现场			

 【巩固练习】

　　1. 简述电气设备的防火措施。

　　2. 简述工具设备使用的安全规定。

任务1.2　无人机装配工艺认知

【任务描述】

无人机装配是无人机组装与调试岗位中一项最基本的技能。在对无人机进行装配之前，必须要熟悉无人机的装配工艺，了解无人机机械装配工艺、无人机电气装配工艺，才能够掌握无人机正确的装配方法和技能。本任务主要介绍装配基准、装配定位、机械连接技术、胶接技术、复合材料结构装配连接方法等无人机机械装配工艺以及电气装配工艺要求、电气装配工艺过程、安装前的准备工艺、电子元器件焊接工艺等无人机电气装配工艺。

【相关知识】

1.2.1　无人机机械装配工艺

（1）装配基准

在装配过程中，使用两种装配基准：以骨架外形为基准和以蒙皮外形为基准的装配。

① 以骨架外形为基准。以骨架外形为基准的装配，首先将骨架在型架上装配好，然后在蒙皮上施加力，使蒙皮贴紧在骨架上并连接在一起。这种装配方法的误差形成是"由内向外"的，累积误差均反映到外形上。为保证部件外形准确度，必须提高零件制造和骨架装配的准确度，提高蒙皮与骨架形状的协调性，以减小铆接后蒙皮与骨架之间的间隙，减少装配变形。

图1-1是以骨架外形为基准的机翼装配过程图，在装配过程中，首先按型架定位器及卡板定位大梁1、2及加强翼肋3、4，进行翼梁与翼肋的连接工作；按翼梁上的角片及型架卡板定位普通翼肋5，进行翼梁与普通翼肋的连接工作；按定位器定位悬挂接头8，并与翼梁连接；然后根据翼梁与翼肋组装后的骨架外形铺上长桁6与蒙皮7；关闭卡板，将蒙皮紧贴在骨架上，进行蒙皮与骨架的连接工作。

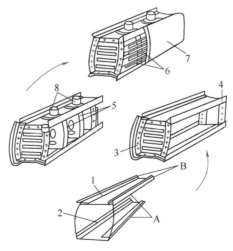

图1-1　以骨架外形为基准的机翼装配过程

1，2—大梁；3，4—加强翼肋；5—普通翼肋；6—长桁；7—蒙皮；8—悬挂接头

笔记

② 以蒙皮外形为基准。以蒙皮外形为基准的装配是将部分骨架分别装在蒙皮上，然后在型架上施加外力，使蒙皮外形贴紧在卡板上，最后将骨架连接起来。这种装配方法的误差形成是"由外向内"的。以蒙皮外形为基准的装配前提是在产品结构上有补偿件，从而可在不提高零件制造准确度的前提下，获得较高的部件外形准确度。应用此方法在结构上和工艺上比较麻烦，一般只在机翼前缘部分使用。

以蒙皮为基准的装配，可以用蒙皮外形为基准，这时型架采用外卡板，也可以使用蒙皮内形为基准，这时型架采用内卡板。图1-2是以蒙皮外形为基准的机翼装配过程图，在装配过程中，首先将蒙皮与长桁组合成壁板，在机翼中段型架上将壁板紧贴在卡板的A面上，然后按型架固定。大梁与壁板、翼肋与壁板之间产生的间隙，可以用结构补偿件补偿。

笔记

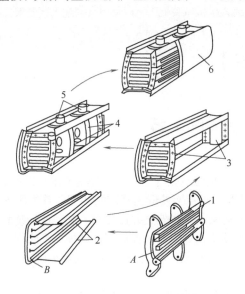

图1-2 以蒙皮外形为基准的机翼装配过程

1—壁板；2—大梁；3—加强翼肋；4—普通翼肋；5—悬挂接头；6—蒙皮

（2）装配定位

装配定位是指在装配过程中，确定零件、组合件、板件、段件之间的相对位置。

定位要求：保证定位符合图纸和技术条件所规定的准确度要求；定位和固定要操作简单且可靠；所用的工艺装配简单，制造费用少。

① 用基准零件定位。在一般机械产品中，大量采用这种方法。在固定翼飞机制造中，液压、气动附件以及具有复杂空间结构的操纵控制机构，多采用这种方法装配定位。

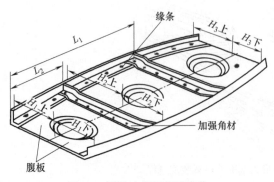

图1-3 翼肋中段用划线定位

用基准零件定位是以产品结构件上的某些点、线、面确定待装配零件的位置，这种装配定位方法简便易行、装配开放、协调性好，在一般机械产品中大量采用。基准零件一般是先定位或安装好的零件，零件要有足够的刚度及较高的准确度，在装配时一般没有修配或补充加工等工作。

② 用划线定位。根据飞机图纸用通用量具划线定位。这种方法适用于零件

刚度较大，位置准确度要求不高的部位。用划线定位如图1-3所示。

③ 用装配孔定位。按预先在零件上制出的装配孔来定位。具体过程如下：装配以前，在各个零件的部分铆接位置上预先按各自的钻孔样板分别钻出装配孔，装配时各零件之间相对位置按这些装配孔确定。图1-4为翼肋组合件按装配孔定位装配示意图。

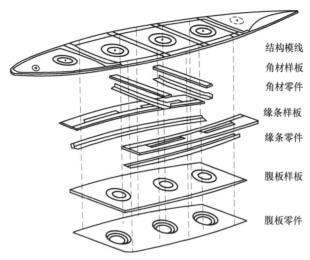

结构模线
角材样板
角材零件
缘条样板
缘条零件
腹板样板
腹板零件

图1-4　翼肋组合件按装配孔定位装配示意图

这种装配定位方法的优点是不需要使用专用夹具，故在成批生产中，在保证准确度前提下，应尽量使用装配孔定位的方法。对一些形状不是很复杂的组合件或板件，如平板、单曲度以及曲度变化不大的双曲度外形板件，都可采用装配孔定位方法进行装配。

（3）机械连接技术

在固定翼飞机装配时，装配连接影响飞机结构抗疲劳性能与可靠性，目前飞机装配过程中常用的连接技术包括机械连接技术、胶接技术、焊接技术等。

机械连接技术主要包括铆接和螺栓连接技术，是一种传统的连接方法。

① 铆接。优点：连接强度比较稳定可靠，容易检查和排除故障，使用工具简单，价格低，适用于较复杂的结构的连接。缺点：增加了结构的重量；钉孔对材料有削弱，引起应力集中使疲劳强度低；噪声造成职工的职业病。

铆接方法很多，主要有普通铆接、干涉配合铆接、密封铆接、特种铆接四种类型。根据飞机机体各部位结构的要求不同，飞机装配中采用各种不同的铆钉和铆接方法。

普通铆接是指最常用的凸头或埋头铆钉铆接，普通铆接的缺点：增加了结构重量；降低了强度；容易引起变形；疲劳强度低，密封性差。其铆接过程是：制铆钉孔、制埋头窝，放铆钉、铆接。铆接典型工序如图1-5所示。

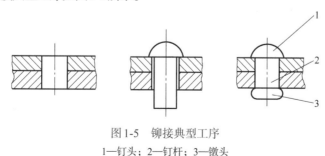

图1-5　铆接典型工序
1—钉头；2—钉杆；3—镦头

确定铆钉孔的位置：铆钉孔的位置，一般是指边距、排距（行距）、孔距。

② 螺栓连接。螺栓连接是固定翼无人机结构中一种重要的机械连接方法，在所有设计分离面及重要承力结构处主要是用螺栓连接。螺栓的受力形式有拉、剪、拉剪三种，应根据受力形式来选用不同形式的螺栓。在飞机的螺栓连接中，除标准螺栓外，还使用高锁螺栓和锥形螺栓，它们的设计与标准螺栓有很大变化，具有重量轻、体积小、耐振动、夹紧力大、疲劳性能高、密封性好、安装简单等特点，但结构复杂、成本高。

如图1-6所示为三种高锁螺栓，其中图1-6（a）为普通高锁螺栓；图1-6（b）带有密封环，保证密封；图1-6（c）中的钉杆有微量凸起部分，使孔表面压光强化，以产生预应力。

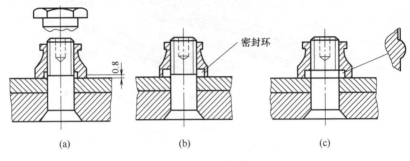

图1-6　高锁螺栓

（4）胶接技术

胶接的优点：不削弱结构材料，应力集中最小，疲劳强度高，密封性好，表面光滑，气动性能好。

胶接的缺点：剥离强度低，生产质量控制严格，胶接质量受很多因素影响，存在老化问题。

胶接是通过胶黏剂的作用把被粘物连接在一起，形成胶接接头。胶接接头剖面如图1-7所示。

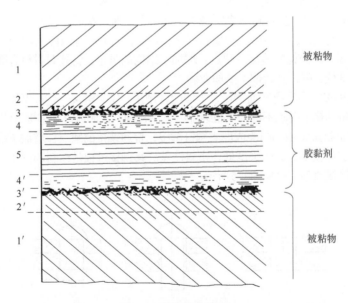

图1-7　胶接接头剖面

1，1′—被粘物；2，2′—被粘物表面层；3，3′—被粘物与胶黏剂的界面层；

4，4′—受界面影响的胶黏剂层；5—胶黏剂

胶接结构比较典型的形式有：蒙皮-桁条壁板；蒙皮与波纹板或其他形式的加强板组成的板件，多层板或多层结构；面板与夹心材料组成的夹层壁板或夹层结构。

典型的胶接工艺过程包括以下一些主要程序：预装配、胶接表面制备、涂胶和晾置（或烘干）、装配、固化、清理和密封防护、试验和检验。

① 预装配。目的是检查胶接组合件的零件间的协调关系和胶接面的贴合程度，并进行必要的修配，以达到装配准确度的要求。胶层的厚度严重影响胶缝强度，因此，胶层应当薄而均匀，厚度一般应为0.01~0.25mm。如果零件配合不好，应进行修配。预装配时，要放置代替胶膜厚度的垫片，零件经修配和检查合格后，再拆开进行胶接表面处理。

② 胶接表面制备。零件表面清洁度和表面状态对胶接质量有决定性的影响。对于铝合金零件来说，胶接前零件一般要先经有机溶剂脱脂去污，再碱洗或酸洗，溶解掉表面自然氧化膜，然后再阳极化。

③ 涂胶和晾置（或烘干）。在新处理好的金属表面上应及时涂一层薄薄的底胶，底胶要严格控制厚度，并要求光滑、均匀，喷涂后要经过烘干和固化。零件涂底胶后，在规定的时间内涂胶，胶液要求涂抹均匀，每涂一层后，都要经过晾干和烘干，以除去溶剂和水分。

④ 装配。在胶接夹具或模具中组装全部零件，定位并夹紧，然后在工件的上面及四周放分压、透气、吸胶的垫物，最后盖上真空袋薄膜，四周用密封胶或密封胶带密封，构成真空袋，将工件封装在内。

⑤ 固化。由于固化结构胶黏剂的主要成分是热固性树脂，一般都需要加温加压固化。温度、压力和时间参数对胶缝强度有决定性的影响。

⑥ 清理和密封防护。固化后，取出胶接件，清理胶缝，对外露胶缝及不同金属材料胶接的毗邻部分，用耐介质、耐老化性能好且抗剥离强的密封胶密封保护，然后室温硫化或加温硫化。

（5）复合材料结构装配连接方法

复合材料零件之间或复合材料与金属零件之间的装配连接有机械连接、胶接和混合连接三种方法。在复合材料连接工艺技术中，选用何种连接方法，主要根据实际使用要求而定。一般来讲，当承载较大、可靠性要求较高时，宜采用机械连接；当承载较小、构件较薄、环境条件不十分恶劣时，宜采用胶接；在某些特殊情况下，为提高结构的破损安全性时，可采用混合连接。

① 机械连接。复合材料的机械连接是指将复合材料被连接件局部开孔，然后用铆钉、销和螺栓等将其紧固连接成整体。在复合材料的连接中，机械连接仍是主要的连接方法。

a. 机械连接的优点。

（a）连接的结构强度比较稳定，能传递大载荷。

（b）抗剥离能力强，安全可靠。

（c）维修方便，连接质量便于检查。

（d）便于拆装，可重复装配。

b.机械连接的缺点。

（a）复合材料结构件装配前钻孔困难，刀具磨损快，孔的出口端易产生分层。

（b）开孔部位引起应力集中，强度局部降低，孔边易过早出现挤压破坏。

（c）金属紧固件易产生电化学腐蚀，须采取防护措施。

（d）复合材料结构在实施机械连接过程中易发生损伤。

（e）增加紧固件或铆钉的重量，连接效率低。

② 胶接。复合材料的胶接是指借助胶黏剂将胶接零件连接成不可拆卸的整体，是一种

较实用、有效的连接工艺技术，在复合材料结构连接中应用较普遍。

　　a. 胶接的优点。

　　(a) 表面光滑，外观美观，工艺简便，操作容易，可缩短生产周期。

　　(b) 不会因钻孔和焊点周围应力集中而引起疲劳龟裂。

　　(c) 胶层对金属有防腐保护作用，可以作绝缘层，防止发生电化学腐蚀。

　　(d) 胶接件通常表现出良好的阻尼特性，可有效降低噪声和振动。

　　(e) 可以减轻结构重量，提高连接效率。

　　b. 胶接的缺点。

笔记

　　(a) 质量控制比较困难，并且不能检测胶接强度。

　　(b) 胶接性能受环境（湿、热、腐蚀介质）的影响。

　　(c) 被胶接件必须进行严格表面处理。

　　(d) 存在一定的老化问题。

　　(e) 胶接连接后一般不可拆卸。

　　③ 混合连接。混合连接是将胶接与机械连接结合起来，从工艺技术上严格保证两者变形一致、同时受载，其承载能力和耐久性将会大幅度提高，可以排除两种连接方法各自的固有缺点。混合连接主要用于提高破损安全性，解决胶接的维修问题，改善胶接剥离性能等。

1.2.2　无人机电气装配工艺

　　无人机电气系统一般包括电源、配电系统、用电设备三个部分，电源和配电系统的组合统称为供电系统。供电系统的功能是向无人机各个用电系统或设备提供满足预定设计要求的电能。

　　(1) 电气装配工艺要求

　　① 一般要求。

　　(a) 各种元器件、材料均应检验合格方可进行安装，安装前应检查其外观、表面有无划伤和损坏。

　　(b) 排线安装时注意保证排线方向、极性正确，安装位置要正，不能歪斜。

　　(c) 安装过程中要注意元器件的安全要求，如安装静电敏感器件要注意防静电。

　　(d) 部件在安装过程中不允许产生裂纹、凹陷、压伤和可能影响产品性能的其他损伤。

　　(e) 安装时勿将异物掉入机内。在安装过程中应随时注意是否掉入螺钉、焊锡渣、导线头及工具等异物。

　　(f) 在整个安装过程中，应注意整机的外观保护，防止出现划伤、弄脏、损坏等现象。

　　(g) 不允许作业者佩戴戒指、手表或其他金属硬物，不允许留长指甲。

　　(h) 接触机器外观部位的工位和对人体有可能造成伤害的工位（如底壳锋利的折边）必须戴手套作业。

　　(i) 拿、抱成品时，产品不能贴住身体，应距离身体10cm以上，防止作业者的厂牌、衣服上的纽扣等硬物对产品造成外观划伤。

　　② 工具要求。

　　(a) 所有的仪器、仪表、电烙铁必须可靠接地。

　　(b) 应防止作业工具对产品外观造成划伤。

　　(c) 悬吊的螺钉旋具未作业时（自由悬吊状态），应距离机器上表面15cm以上。

　　(d) 工具未使用时应放在固定的位置，不能随意放置。

　　③ 物料拿取作业标准。

　　a. 元器件的拿取。

(a) 作业者的手指（或身体上任何暴露部位）应避免与元件引脚、印制电路板（PCB）焊盘接触，以免引脚、焊盘粘上人体汗液，影响焊接的质量和可靠性。

(b) 拿取大元件或组件时，应拿住能支撑整个元件重量的外壳，而不能抓住如引线之类的薄弱部位来提起整个元件。

(c) 在拿取个别特殊部件时应按相关要求使用专用的辅助工具拿取。

b. PCB 组件拿取。

(a) PCB 组装件如果有用螺钉紧固的金属件，如散热片、支架等，则在拿取时应抓住这些金属件、支架的受力部位。

(b) 如果有辅助工具，则一定要严格按相关要求使用辅助工具拿取。

(c) 通常情况下，PCB 板上的元件或导线不能作为抓取部位。

④ 插排线作业规范。

(a) 排线插入时要平衡插入，保证插正、插紧。

(b) 带扣位或带锁的排线要扣到位，保证锁紧。

(c) 连接件的插针不可插歪。

⑤ 剪钳作业规范。

a. 线扎剪切作业要求：

(a) 扎线保留线头的长度范围为2~5mm。

(b) 线头平齐。

(c) 剪扎线不能剪断、剪伤任何导线。

b. 剪元件引脚作业标准：

(a) 如果元件引脚的直径小于0.7mm，则元件引脚的长度范围为2~3mm；如果元件引脚的直径大于或等于0.7mm，则元件引脚的长度范围为2~5mm。

(b) 剪钳刀刃要锋利。元件脚未剪断时剪钳不能回扯，以免铜箔剥离电路。

⑥ 选择连接导线。选用导线时一般遵循以下三个原则：

(a) 近距离和小负荷，按发热条件选择导线截面（安全载流量）。用导线的发热条件控制电流，截面积越小，散热越好，单位面积内通过的电流越大。

(b) 远距离和中等负荷，在安全载流量的基础上，按电压损失条件选择导线截面。远距离和中等负荷仅仅不发热是不够的，还要考虑电压损失，要保证负荷点的电压在合格范围内，电气设备才能正常工作。

(c) 大负荷，在安全载流量和电压降合格的基础上，按经济电流密度选择导线截面，同时要考虑电能损失，电能损失和资金投入要在最合理范围内。

⑦ 布线原则。元器件的布线主要在无人机机身内部，布线必须遵守相关原则，以免导线相互干扰，尤其对于微型无人机，内部空间较小，更应仔细布线，满足装配工艺的要求。

(a) 应选择最短的布线距离，但连接时导线不能拉得太紧。

(b) 不同种类的导线应避免相互干扰和寄生耦合。

(c) 导线应远离发热元器件，不能在元器件上方近距离走线。

(d) 电源线不能与信号线平行。

(e) 埋线应保持方向一致、美观，扎线应扎紧，并且扎带之间保持一定的间距，所有线材都应尽量捆扎在扎带内，扎结朝向一致。

⑧ 无人机内部工艺检查。在完成组装工序前须对无人机内部工艺进行检查，包括：

(a) 检查无人机内部各螺钉是否齐全并且拧紧。

(b) 检查无人机内各连接线是否插接牢固、可靠，各连接线不能与散热片接触（以防过热致使线材熔化）。

(c) 检查无人机内部工艺连接线的走线是否整齐、美观。

(d) 检查成品内部是否存有异物（如有无掉入的螺钉和线脚等）。

⑨ 无人机外部检查。

(a) 检查机身外观是否有污迹和脏印迹等现象。

(b) 检查机身表面是否有脱漆、划花、毛刺等现象。

(c) 检查电源键、功能按钮等是否有卡死、偏斜、手感不良问题。

（2）电气装配工艺过程

电气装配工艺过程是按照电子整机的装配工艺规程要求，把元器件和零部件装配在印制电路板、机壳、面板等指定位置上，构成完整电子产品的过程。整机装配的工艺过程如图1-8所示。

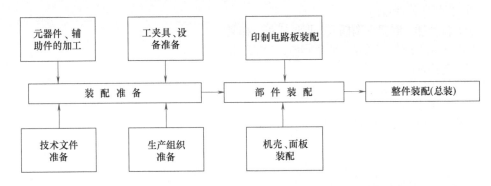

图1-8　整机装配的工艺过程

（3）安装前的准备工艺

① 绝缘导线的加工。绝缘导线的加工可分为下料、剥头、捻头、搪锡几个过程。

a. 下料。按照工艺文件中导线加工表中的要求，用斜口钳或剪线机等工具对所需导线进行剪切。下料时应做到：长度准、切口整齐、不损伤线芯及绝缘皮。

b. 剥头。将绝缘导线的两端用剥线钳等工具去掉一段绝缘层而露出芯线的过程称为剥头。

c. 捻头。多股导线剥去绝缘层后，必须进行捻头处理，以防止芯线松散、折断。

d. 搪锡。为了提高导线的可焊性，防止虚焊、假焊，要对导线进行搪锡处理。

② 元器件的引线成形。在组装电子整机产品的印制电路板部件时，为了满足安装尺寸与印制电路板配合，提高焊接质量，避免虚焊，使元器件排列整齐、美观，元器件在安装前应预先将其引线弯曲成一定的形状。

③ 导线的绑扎。较复杂的电子产品的连线很多，若把它们合理分组，扎成各种不同的线扎，不仅美观、占用空间少，而且保证了电路工作的稳定性，更便于检查、测试和维修。

导线通常采用线扎搭扣（或称尼龙扎带）捆扎，捆扎应注意，不要拉得太紧，否则会弄伤导线。

（4）电子元器件焊接工艺

① 焊接前的准备。

a. 锡铅焊料的选择。

(a) 航空电子设备印制电路板组装件及其他部、组件装配焊接所选用的锡铅焊料的外观、化学成分和杂质含量应符合GB/T 3131—2020《锡铅钎料》或美国联邦标准QQ-S-571

笔记

的规定。锡铅焊料中所含杂质是影响焊接质量的重要因素。在选用锡铅焊料时，应充分考虑其杂质不能超过所规定的合格品含量。

（b）应根据焊接对象来选择锡铅焊料的直径。序号1用于一般接线焊接；序号2用于小型端子与导线的焊接；序号3用于大型端子与导线的焊接；序号4用于印制电路板组装件的焊接；序号5用于微小型印制电路板组装件的焊接。

b. 助焊剂的选择。所选择的助焊剂应满足以下要求：

（a）能同金属氧化物反应，清除锡焊表面的金属氧化物，即使在高温情况下，也能防止清洁表面的再度氧化。

（b）应能加速熔融合金焊料润湿锡焊表面。

（c）应有良好的热稳定性，一般热稳定度不小于100℃。

（d）应具有无腐蚀性且不应析出有毒气体，不吸潮，不产生霉菌。

（e）助焊剂残渣容易清除。

（f）助焊剂的活性和浓度指标要合理，活性指标影响可焊性，而浓度则影响涂覆层的厚度。

c. 电烙铁的选择。

（a）电烙铁分为外热式电烙铁、内热式电烙铁和恒温电烙铁。一般选用恒温电烙铁进行航空电子设备装配的焊接操作。

（b）印制电路板上的焊接可采用20W的电烙铁，接线端子上的焊接可采用50W的电烙铁。如果使用烙铁的功率太小，焊接温度过低，焊锡不能充分熔化，焊剂不能挥发出来，其焊点就不光滑、不牢固。不但效率低，而且焊接时间也长；相反，如果使用烙铁功率过大，温度太高，就容易烫坏元器件。

（c）为适应不同焊接物的需要，应选择不同的烙铁头。烙铁头的形状如图1-9所示。平头型和尖嘴型烙铁头通常用于手工焊接及一般修理工作。这种烙铁头角度大时，热量比较集中，温度下降较慢，适用于焊接一般的焊接点，而角度小时，温度下降快，适于焊接温度比较敏感的元器件。圆锥形烙铁头多用于焊接密度高的印制电路板组装件和小而怕热的元器件。

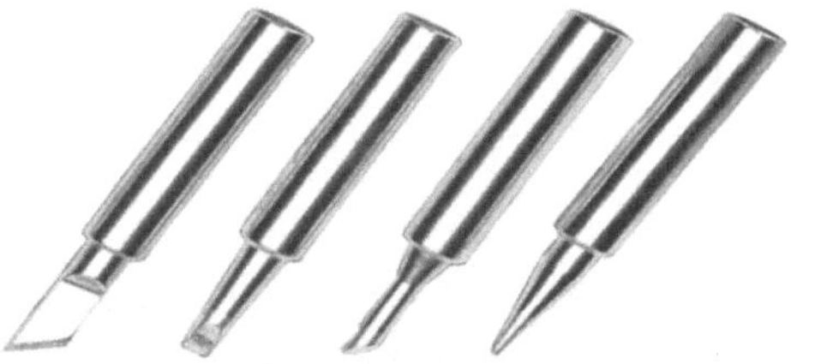

图1-9　烙铁头

② 焊接操作。

a. 电烙铁的握法。根据烙铁大小、形状和被焊件的要求等不同情况，电烙铁的3种握法如图1-10所示。

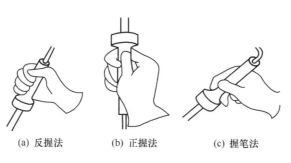

(a) 反握法　　　(b) 正握法　　　(c) 握笔法

图1-10　电烙铁的握法

（a）反握法。用五指把烙铁柄握在手掌内［见图1-10（a）］，这种握法焊接时，动作稳

笔记

定，长时间操作手也不易感到疲劳。

(b) 正握法。手心朝下握着烙铁柄［见图1-10 (b)］，互连导线。

(c) 握笔法。相同于握毛笔的方法［见图1-10 (c)］，用于小功率烙铁和热容量小的被焊件焊接。

b. 电烙铁的操作方法。电烙铁的操作方法如图1-11所示。

(a) 热容量较大的工件。可先加热工件且在烙铁头最近处放上焊锡丝并将其熔化，如图1-11 (a) 所示。

笔记

(b) 受热易损的工件。可将焊锡丝和烙铁头同时放在工件上，将烙铁头放在焊锡丝上且使焊锡丝熔化，如图1-11 (b) 所示。

(c) 禁止将焊锡丝放在烙铁头上熔化，否则，助焊剂会提前分解挥发，既影响焊接质量又污染环境，如图1-11 (c) 所示。

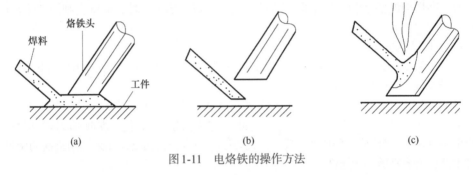

图1-11 电烙铁的操作方法

c. 电烙铁的撤离。

(a) 烙铁头以烙铁头的轴线45°方向撤离，此时焊点圆滑而且烙铁头只带走少量的焊料，见图1-12 (a)。

(b) 烙铁头垂直向上撤离，此时焊点容易出现拉尖，烙铁头只带走少量焊料，见图1-12 (b)。

(c) 烙铁头以水平方向撤离，此时烙铁头带走大部分焊料，见图1-12 (c)。

(d) 烙铁头垂直向下撤离，此时烙铁头把绝大部分焊料都带走，见图1-12 (d)。

(e) 烙铁头垂直向上撤离，此时烙铁头只能带走很少量的焊料，见图1-12 (e)。

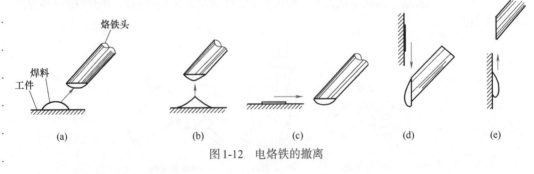

图1-12 电烙铁的撤离

d. 松香芯焊锡丝的使用方法。

(a) 焊锡丝的握法。在进行连续锡焊时，不必将整卷焊锡丝截断，只需用左手拇指、食指和小指夹住焊锡丝，用另外两手指配合把焊锡丝连续向前送进，当不是连续锡焊时，焊锡丝握法采用习惯形式。

(b) 焊锡丝的使用。松芯焊锡丝一触及被烙铁头加热的被焊件，它就有黏糊状的液体流出，这种液体就是焊剂（松香）。焊剂首先向四周扩展，焊料随着焊剂扩展，焊料润湿焊件状态主要取决于焊剂多少。在焊料足够多时，焊剂越多，扩展面积越大，焊料扩展面积也就越大；当焊剂较少时，只能在很小面积内扩展，过多焊料只能厚厚地堆在焊剂上，很难扩展到没有焊剂的表面上去。加热温度过高，由于焊剂分解挥发太快，在焊料扩展时焊剂已失去活性，同样也会造成焊剂不足。必须控制在焊剂活性最强时，结束焊接工作。

综上所述，要想得到高质量焊点，就必须保证在焊接处有足够量的焊剂。

e. 焊接基本步骤

五步法：对热容量较大的工件，应按焊接操作的五个步骤进行焊接。

(a) 准备：烙铁头和焊锡丝靠近，处于随时可焊接状态，并记准焊接位置。

(b) 放上烙铁：烙铁头放在焊接点上进行加热。

(c) 熔化焊锡：在焊接点上放上焊锡丝，并熔化适量的焊锡。

(d) 拿开焊锡丝：熔化适量的焊锡后迅速拿开焊锡丝。

(e) 拿开电烙铁：待焊锡的扩展范围达到要求后，拿开烙铁，并注意速度和方向。

三步法：对热容量较小的工件需加快焊接的操作速度，可按三步法进行焊接。

(a) 准备：烙铁头和焊锡丝靠近，处于随时可焊接状态，并记准焊接位置。

(b) 放上烙铁和焊锡丝：同时放上烙铁和焊锡丝，并熔化适量的焊锡。

(c) 拿开烙铁和焊锡丝：拿开烙铁和焊锡丝，当焊锡扩展范围达到要求后，拿开焊锡丝的时机不迟于烙铁的撤离。

③ 焊点质量检查。主要是经过目测查看，有时需用手摸摸，看是不是有松动、焊接不牢。有时还需凭借放大镜，仔细观察是不是存在下列表象，若有，则需修正。

a. 搭焊。搭焊是指波峰焊相邻两个或几个焊点衔接在一起的表象。细微的搭焊用目测较难发现，只有经过电功能的检测才显露出来。构成的原因：焊料过多或许是焊接温度过高。损害：焊接后的波峰焊不能正常作业，乃至烧坏元器件，更甚者危及商品安全和人身安全。

b. 焊锡过多。焊锡堆积过多，焊点的外形不清，像丸子状，底子看不出导线的形状。构成的原因：波峰焊焊料过多，或许是因为元器件引线潮湿，以及焊料的温度不合适。损害：短路，能够包藏焊点缺点，器件间打火。

c. 毛刺。焊料构成一个或多个毛刺，毛刺超过了规定的引出长度，将使绝缘间隔变小，尤其是对高压电路，将构成打火表象，像钟乳石形。构成的原因：焊料过多、焊接时刻过长。损害：构成搭焊、器材间高压打火。

d. 松香过多。 焊缝中夹有松香，外表豆腐渣形状。构成的原因：焊盘氧化、脏污、预处理不良等，在焊接时加焊剂太多。损害：强度不行，导电不良。

 【任务实施】

技能训练任务：无人机装配工艺认知

1.训练目的

通过认知无人机的装配工艺，掌握无人机机械装配工艺和电气装配工艺，掌握无人机正确的装配方法和基本技能，为后续无人机的装配打下基础。

笔记

2.训练内容

工作任务单

任务名称	无人机装配工艺认知		
工具/设备/材料			
类别	名称	单位	数量
设备	无人机	台	1
	电路板	台	1
工具	铆枪	把	1
	焊枪	把	1
	电烙铁	把	1
	斜口钳	把	1
	镊子	把	1
	剥线钳	把	1
	静电敏感防护盒	个	1
	防静电手腕带	副	1
材料	铆钉	个	若干
	螺栓	个	若干
	胶黏剂	瓶	1
	焊剂	瓶	2
	插排线	根	若干
	导线	根	1
	电子元器件	个	若干
	焊锡丝	组	1

1.工作任务

无人机装配工艺认知

2.工作准备

(1)准备好无人机及机械装配材料,材料应符合标准

(2)准备好机械装配工具和材料,检查工具的有效性,材料应符合标准

(3)准备好电路板

(4)准备好电气装配工具和材料,检查工具的有效性,材料应符合标准

(5)准备好电子元器件焊接工具和材料,检查工具的有效性,材料应符合标准

3.工作步骤

(1)在无人机上进行铆接和螺栓连接等操作并介绍机械装配连接工艺要求

(2)在无人机上进行胶接操作并介绍胶接连接装配工艺要求

(3)在无人机上进行点焊和胶焊操作并介绍焊接装配连接工艺要求

(4)在电路板上进行电子电气接插件安装操作并介绍电气装配工艺要求

(5)在电路板上进行电子元器件焊接操作并介绍其焊接工艺要求

4.结束工作

(1)清点工具和设备

(2)清扫现场

【巩固练习】

1. 飞机装配过程中常用的机械连接技术有哪些?

2. 电气装配工艺有哪些要求?

笔记

任务1.3 使用无人机装调工具

【任务描述】

在对无人机进行装调工作之前，必须会选择和使用无人机装调工具。了解机械类常用工具、电工类常用工具的种类、作用及使用方法，才能掌握无人机装调工具的使用技能，为后续的无人机组装调试工作打下基础。本任务主要介绍无人机装调机械类常用工具和电工类常用工具的使用。

【相关知识】

1.3.1 机械类常用工具

（1）夹持工具

① 尖嘴钳。用于夹持小物体，可在狭小空间进行操作，如图1-13所示。尖嘴钳有不同长度的钳口，有直、斜尖嘴钳两种。它用于附件紧密处的操作和夹持小物体，拧结保险丝等。

② 圆嘴钳。圆嘴钳如图1-14所示，其钳头呈圆锥形，适宜于将金属薄片及金属丝弯成圆形，为一般电信工程等常用的工具。

图1-13　尖嘴钳　　　　　　　　　　　　图1-14　圆嘴钳

③ 镊子。镊子可以用来夹持细小精密物件、导线、元件及集成电路引脚等，一般有直头、平头、弯头等，如图1-15所示。

④ 小型台钳。小型台钳是夹持、固定工件以便进行加工的一种工具，使用十分广泛，如图1-16所示。

图1-15　镊子　　　　　　　　　　　　图1-16　小型台钳

（2）剪切工具

① 斜口钳。斜口钳又称作克丝钳、斜嘴钳，刃口比较厚，可以剪粗一点的铜线和铁线，剪断铜线后的切口是斜的。斜口钳主要用于剪切导线，元器件多余的引线，还常用来代替一般剪刀剪切绝缘套管、尼龙扎线卡等。斜口钳如图1-17所示。

② 水口钳。水口钳刃口比较薄、比较锋利，适用于剪细铜线和塑料橡胶等材料，剪断铜线后的切口是平的，剪塑料齐整。水口钳如图1-18所示。

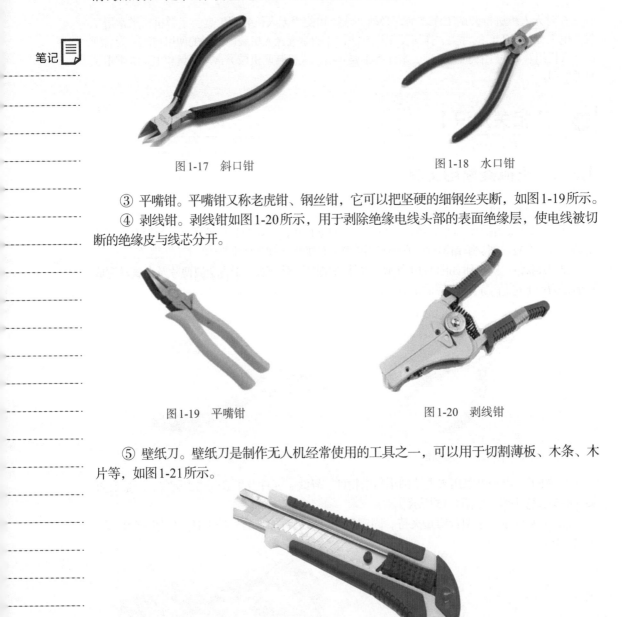

图1-17　斜口钳　　　　　　　　　　　　图1-18　水口钳

③ 平嘴钳。平嘴钳又称老虎钳、钢丝钳，它可以把坚硬的细钢丝夹断，如图1-19所示。

④ 剥线钳。剥线钳如图1-20所示，用于剥除绝缘电线头部的表面绝缘层，使电线被切断的绝缘皮与线芯分开。

图1-19　平嘴钳　　　　　　　　　　　　图1-20　剥线钳

⑤ 壁纸刀。壁纸刀是制作无人机经常使用的工具之一，可以用于切割薄板、木条、木片等，如图1-21所示。

图1-21　壁纸刀

（3）旋拧工具

① 螺丝刀。螺丝刀是一种用来拧转螺钉迫使其就位的工具。它可以用来紧固或拧松螺

钉。螺丝刀按它的形状、刀口类型和刀口宽度分类。螺丝刀的长度是以刀杆长度标示，从十几毫米到几百毫米多种长度。刀柄一般采用木质和高强度塑料。常用的有"一"字螺丝刀和"十"字螺丝刀，分别如图1-22和图1-23所示。

📝笔记

图1-22　"一"字螺丝刀

图1-23　"十"字螺丝刀

② 扳手。扳手是维修中最常用的工具，扳手可用来拆装有棱角的螺栓和螺母。常用的有呆扳手、组合扳手和内六角扳手等。呆扳手、组合扳手、内六角扳手分别如图1-24~图1-26所示。

图1-24　呆扳手

图1-25　组合扳手

图1-26　内六角扳手

（4）常用量具

① 钢直尺。钢直尺如图1-27所示。长度为300mm和1m的钢直尺比较常用，主要用来测量。在裁剪木板等材料时可以当靠尺使用。

② 游标卡尺。游标卡尺是精密测量工具，它是精密制造、精确标定的。

游标卡尺是常用的内、外及深度的测量尺。图1-28是一种电子数显游标卡尺，它是固定翼、直升机、多轴无人机常用的组装测量工具。

图1-27　钢直尺

图1-28　电子数显游标卡尺

③ 螺距尺。螺距尺可以支持测量800mm的主旋翼螺距，方便在90级直升机上使用，如图1-29所示。

图1-29　螺距尺

笔记

1.3.2　电工类常用工具

（1）检测工具

① 万用表。万用表如图1-30所示。在无人机装调时，万用表主要用来测量无人机电子设备中电压和电流信号。

② 试电笔。试电笔如图1-31所示。试电笔是一种电工工具，用来测试电线中是否带电。

图1-30　万用表　　　　　　　　　　　　图1-31　试电笔

③ 示波器。数字示波器如图1-32所示。数字示波器是电子工程师们经常使用的电子测量仪器，其作用主要可以分为如下几类：

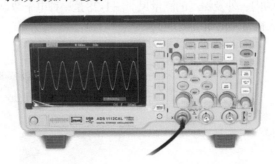

图1-32　数字示波器

a. 测量电信号的波形（电压与时间关系）；

b. 测量幅度、周期、频率和相位等参数；

c. 配合传感器，测量一切可以转化为电压的参量（如电流、电阻等）。

（2）焊接工具

① 电烙铁。电烙铁可用来焊接电子元器件和导线，如图1-33所示。

② 风枪焊台。风枪焊台如图1-34所示，又叫热风拆焊台，主要是利用发热电阻丝的枪芯吹出的热风来对元器件进行焊接与摘取。

图 1-33　电烙铁

📝笔记

图 1-34　风枪焊台

③ 热熔胶枪。热熔胶枪如图1-35所示。热熔胶枪是一款非常方便快捷的黏胶工具。

图 1-35　热熔胶枪

热熔胶是一种固体胶，黏结固定物品用的，市场上现在主要是EVA材质和聚氨酯热熔胶为主，具有产品完全环保、固化时间快、适用范围广泛等特点，使用方法是通过热熔胶枪加温熔化后打在需要黏结固定的地方，快速固化后起固定作用。

（3）电动工具

① 手电钻。手电钻如图1-36所示。手电钻可用来钻孔、攻螺纹、拧螺钉等。

② 小电锯。小电锯在制作无人机时也会经常用到，如锯木条、锯前后缘开槽等。小电锯如图1-37所示。

 笔记

图1-36　手电钻

图1-37　小电锯

【任务实施】

技能训练任务：使用无人机装调工具

1. 训练目的

通过无人机装调工具的使用练习，掌握机械类常用工具、电工类常用工具的种类、功用及使用方法，能够独立地选用和使用工具来装调无人机，培养无人机装调工具的使用技能。

2. 训练内容

工作任务单

任务名称	使用无人机装调工具		
工具/设备/材料			
类别	名称	单位	数量
设备	无人直升机	架	1
	万用表	个	1
工具	内六角扳手	把	1
	小型台钳	台	1
	斜口钳	把	1
	剥线钳	把	1
	游标卡尺	把	1
	螺距尺	把	1
	电烙铁	把	1
材料	导线	根	1
	香蕉头	个	1
1.工作任务			
使用无人机装调工具			
2.工作准备			
(1)准备好仪器和工具,检查仪器和工具的有效性			
(2)准备好测试件			
3.工作步骤			
(1)用斜口钳剪去一根长约20cm的导线,并用剥线钳在其一端剥去绝缘层			
(2)用小型台钳夹紧香蕉头的一端,将剥去绝缘层的导线从香蕉头的另一端伸入			
(3)用电烙铁焊接香蕉头,并用万用表测量焊接好的香蕉头的导通性			
(4)用游标卡尺测量电机的直径大小			
(5)用内六角扳手将电机安装在无人机机架上			
(6)将螺距尺装到螺旋桨,设置十字盘行程			
4.结束工作			
(1)清点工具和设备			
(2)清扫现场			

🌐 **【巩固练习】**

1. 无人机装调常用的机械类工具有哪些?
2. 无人机装调常用的电工类工具有哪些?

📝笔记

机械类常用
材料介绍

任务1.4 使用无人机装调材料

【任务描述】

在对无人机进行装调工作之前，必须会选择和使用无人机装调材料。了解无人机装调材料的种类、功用及使用方法，才能掌握无人机装调材料的使用技能，为后续的无人机组装调试工作打下基础。本任务主要介绍扎带、胶带、胶水、热缩管、焊锡丝、支柱等无人机装调材料的种类、作用和使用方法。

笔记

【相关知识】

1.4.1 扎带

（1）魔术贴扎带

魔术贴扎带如图1-38所示。主要用于电池的固定。魔术贴扎带分公母两面，两面可以牢固地黏合在一起。在受到一定拉力时，可以被打开，可以多次反复开合。

图1-38 魔术贴扎带

（2）尼龙扎带

尼龙扎带如图1-39所示。主要用于无人机装调时的导线捆扎和固定、零配件的固定等。尼龙扎带有止退功能，只能越扎越紧。

图1-39 尼龙扎带

1.4.2　胶带

（1）纤维胶带

纤维胶带如图1-40所示。在无人机装调时，纤维胶带主要用于结构件之间的固定与加强。它是泡沫板固定翼无人机常用的胶带。

（2）纸胶带

纸胶带如图1-41所示。在无人机装调时，主要用于如接收机天线等一些不需要太大黏合力的临时结构固定。

笔记

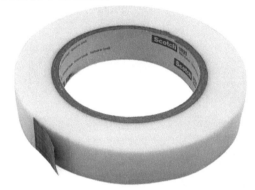

图1-40　纤维胶带　　　　　　　　　　　图1-41　纸胶带

图1-42　双面胶带

（3）双面胶带

双面胶带如图1-42所示。双面胶带具有双面黏合力，可以完成物体结构内部的黏合，黏合强度高。

1.4.3　胶水

（1）螺丝胶

螺丝胶如图1-43所示。主要用于螺钉和螺母的螺纹连接处。一般是锁好螺钉后将它点在螺母上，让其慢慢固化；也可将胶涂在螺钉上，然后再装上螺母。一方面让螺钉在作业中不会脱落，另一方面有防锈作用。

（2）瞬干胶

瞬干胶是一种干得很快的胶水，这种胶的特点是固化快、粘接强度大、粘接面广。瞬干胶可在常温下快速粘接各种材料。502胶水就是一种瞬干胶，它能够迅速固化粘接，固化后无毒。502胶水如图1-44所示。

电气类常用
材料介绍

（3）泡沫胶

液体泡沫胶如图1-45所示。它是一种无色、透明、无腐蚀性、黏性强、无毒的黏稠液体，泡沫胶广泛用于KT板、EPO等泡沫材料之间的黏合，是专门用来粘贴泡沫板的胶。

笔记

图1-43　螺丝胶

图1-44　502胶水

图1-45　液体泡沫胶

1.4.4　热缩管

热缩管是一种特制的EVA材质的热收缩套管，如图1-46所示。它具有高温收缩、柔软阻燃、绝缘防腐的特性。它广泛用于各种线束、焊点、电感等的绝缘保护以及金属管棒的防锈、防腐等。

图1-46　热缩管

1.4.5 焊锡丝

焊锡丝如图1-47所示。焊锡是焊接电子线路中连接电子元器件的重要工业原材料。

图1-47 焊锡丝

1.4.6 支柱

支柱主要用于固定和隔离电路板和零部件，主要由尼龙、铝合金或铜等材质制作，如图1-48所示。

(a) 尼龙柱

(b) 铝柱

图1-48 支柱

【任务实施】

技能训练任务：使用无人机装调材料

1. 训练目的

通过无人机装调材料的使用练习，掌握扎带、胶带、胶水等常用材料的种类、功用及使用方法，能够独立地选用和使用这些材料来装调无人机，培养无人机装调材料的使用技能。

2. 训练内容

工作任务单

任务名称		使用无人机装调材料		
工具/设备/材料				
类别	名称	单位	数量	
设备	多旋翼无人机	架	1	
工具	热风枪	把	1	
	电烙铁	把	1	
	剥线钳	把	1	
	小型台钳	台	1	
材料	香蕉头	个	若干	
	尼龙扎带	个	若干	
	魔术贴扎带	个	1	
	魔术贴	个	1	
	双面胶	块	1	
	热缩管	根	1	
	焊锡丝	卷	1	
	导线	卷	1	

1.工作任务

使用无人机装调材料

2.工作准备

(1)准备好材料,材料应符合标准

(2)准备好工具,检查工具的有效性

3.工作步骤

(1)用台钳将香蕉头一端固定,将剥去绝缘层的一端伸入到香蕉头的另一端,用焊锡丝焊接连接处

(2)在接口处套上热缩管并用热缩管加热固定

(3)用扎带枪和尼龙扎带将电调固定在机架上

(4)将双面胶的一面粘在电调上,另一面粘在机臂上,用尼龙扎带将电调固定在机架上

(5)在上中心板长边两头的长方形槽上,扣上魔术贴扎带,把电池扎紧

4.结束工作

(1)清点工具和设备

(2)清扫现场

 【巩固练习】

1. 无人机装调常用的材料有哪些?

2. 无人机装调常用的扎带有哪些? 各有什么作用?

笔记

[课程思政]

　　阅读以下教学案例，结合本任务所学习的专业知识和技能，从维护作风、工具"三清点"制度、安全责任等方面，按照"三全育人"的要求，分析案例中所蕴含的作风意识、规章意识、安全意识以及责任意识等思政元素。

 案例

维修工具丢失

2010年1月8日晚，某公司北京基地机电员在完成飞机航后工作的过程中，发现在前货舱内的发动机罩布下面有一钻头。

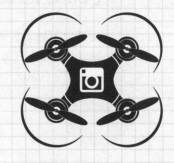

项目 2
多旋翼无人机装配与调试

 【学习目标】

知识目标

1.多旋翼无人机基本结构认知;

2.熟悉多旋翼无人机机体的组成;

3.掌握多旋翼无人机的装配流程;

4.掌握多旋翼无人机的装配方法。

能力目标

1.能够识别多旋翼无人机组成部件;

2.能够正确装配多旋翼无人机机体;

3.能够正确调试多旋翼无人机机体飞控。

素质目标

1.具有耐心细致、精益求精的工作态度,养成科学务实的工作作风;

2.具有工作规范意识,养成良好的职业行为习惯;

3.树立航空产品质量第一的意识,培养安全文明生产的职业素养。

任务2.1 认识多旋翼无人机

【任务描述】

多旋翼无人机是目前民用无人机领域应用最为广泛的一种飞行器。了解多旋翼无人机的结构组成及各组成部件的功能，才能够正确地识别多旋翼无人机，从而为后面学习多旋翼无人机的装配与调试打下坚实的基础。本任务主要介绍多旋翼无人机的基本组成、各组成部件的功用，多旋翼无人机组装流程及配件清单。

【相关知识】

2.1.1 基本组成及各部件功用

多旋翼无人机组成一般包括机架、起落架、电机和电调（电子调速器）、电池、螺旋桨、飞控系统、遥控装置、GPS模块、任务设备和数据链路等，如图2-1所示。

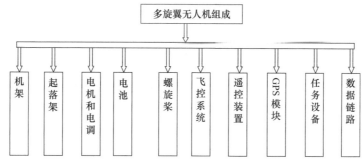

图2-1 多旋翼无人机结构组成

（1）机架

机架是大多数设备的安装载体，也是多旋翼无人机的主体，也称为机身。电机、电调和飞控板（飞行控制器）等设备都要安装在机架上面。机架按材质一般可以分为以下几种类型：

图2-2 碳纤维机架

① 塑胶机架。主要特点是具有一定的刚度、强度和可弯曲度，价格比较低廉。

② 玻璃纤维机架。主要特点是强度比较高，而且需要的材料很少，但是材料相对于碳纤维材料较重，增加了整体机架的重量。

③ 碳纤维机架。其特点是价格要贵一些，但重量要轻一些。出于结构强度和重量考虑，一般采用碳纤维材质。碳纤维机架如图2-2所示。

机架的主要作用如下：

① 提供安装接口。这些接口包括安装和

固定电机、电调、飞控板的螺丝孔。

② 提供整体的稳定和坚固的平台。飞行器飞行过程中需要一个稳定坚固的平台，这样可以使得电机在转动过程中不会毁坏其他设备，并为传感器提供一个稳定的平台。

③ 起落架等缓冲设备。这些可以为飞行器提供安全的起飞和降落条件，避免损坏其他仪器。

④ 保证足够低的重量。这样就可以给其他设备提供更多的余量。

⑤ 提供相应的保护装置。保护装置用于保护飞行器本身和可能接触到的操作人员。

（2）起落架

起落架是多旋翼无人机唯一和地面接触的部位。作为整个机身在起飞和降落时候的缓冲，也是为了保护机载设备，要求强度高，结构牢固，和机身保持相当可靠的连接，能够承受一定的冲力。一般在起落架前后安装或者涂装上不同的颜色，用来在远距离多旋翼无人机飞行时区分多旋翼无人机的前后。

（3）电机

电机是多旋翼无人机的动力机构，提供升力、推力等。电机的转速快慢决定了飞行器可以承载的重量，同时，其转速改变快慢可以影响飞行姿态的变换。无刷电机去除了电刷，最直接的变化就是没有了有刷电机运转时产生的电火花，这样就极大减少了电火花对遥控无线电设备的干扰。无刷电机没有了电刷，运转时摩擦力大大减小，运行顺畅，噪声会低许多，这个优点对于模型运行稳定性是一个巨大的帮助。无刷电机如图2-3所示。

（4）电调

电子调速器，将飞控的控制信号，转变为电流信号，用于控制电机转速。因为电机的电流是很大的，通常每个电机正常工作时，有3A左右的电流，如果没有电调的存在，飞控根本无法承受这样大的电流，而且飞控也没有驱动无刷电机的功能。同时电调在多旋翼无人机中也充当了电压变化器的作用，将11.1V电压变为5V电压给飞控供电。电子调速器如图2-4所示。

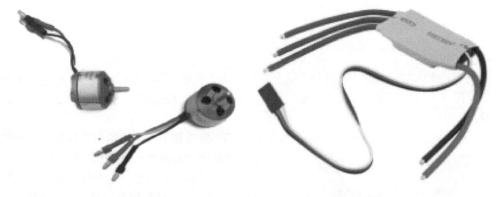

图2-3 无刷电机　　　　　　　　　　图2-4 电子调速器

（5）电池

电池是电动多旋翼无人机的供电装置，给电机和机载电子设备供电。最小是1S电池，常用的是3S、4S、6S，1S代表标称3.7V电压、满电4.2V电压。图2-5所示为锂电池。

（6）螺旋桨

螺旋桨如图2-6所示，安装在电机上，多旋翼无人机安装的都是不可变总距的螺旋桨，主要指标有螺距和尺寸。

图2-5 锂电池

图2-6 螺旋桨

桨的指标是4位数字，前面2位代表桨的直径（单位：in，1in=25.4mm），后面2位是桨的螺距。

正反桨：四轴飞行为了抵消螺旋桨的自旋，相邻的桨旋转方向是不一样的，所以需要正反桨。桨叶有字的一面向上，右边桨叶的迎风面（桨缘是平滑弧线的是迎风面）在后面的是正桨，右边桨叶的迎风面在前面的是反桨。螺旋桨生产厂家不同，用刻字来区分正桨和反桨的方式也不一样，有些是以CCW和CW来区分，有些是以L和R来区分，刻有CCW或L的为正桨。安装的时候，一定记得无论正反桨，有字的一面是向上的。

（7）飞控系统

飞控系统是多旋翼无人机的核心设备，飞控系统的好坏从本质上决定了无人机的飞行性能。它包括陀螺仪、加速度计、电路控制板、各外设接口。飞控系统如图2-7所示。

① 陀螺仪。理论上陀螺仪只测试旋转角速度，但实际上所有的陀螺仪都对加速度敏感，而重力加速度在地球上又是无处不在，并且实际应用中，很难保证陀螺仪不受冲击和振动产生的加速度的影响，所以在实际应用中陀螺仪对加速度的敏感程度就非常重要，因为振动敏感度是最大的误差源。两轴陀螺仪能起到增稳作用，三轴陀螺仪能够自稳。

② 加速度计。一般为三轴加速度计，测量三轴加速度和重力。

多旋翼无人机飞控系统完成的主要功能如下。

a. 处理来自遥控器或自动控制的信号，这时飞控系统需要识别遥控器或自动控制的信号，完成要求的飞行姿态或其他指令。

b. 控制电调。飞控系统要做的就是给电调发送信号调节电机的转速，实现控制改变飞行姿态的功能。

c. 可以通过一些板载的测量元件，在没有任何控制的情况下，通过控制电调的输出信号保持多旋翼无人机的稳定。

图2-7 NAZA飞控系统

（8）遥控装置

包括遥控器和接收机。一般按照通道数将遥控器分成六通道、八通道、十四通道遥控器等，对于通道的概念在后面会有详细介绍。

（9）GPS模块

测量多旋翼无人机当前的经纬度、高度、航迹方向、地速等信息。一般在GPS模块中还会包含地磁罗盘（三轴磁力计）：测量飞机当前的航向。

（10）任务设备

任务设备中目前应用最多的就是云台，常用的有两轴云台和三轴云台；云台作为相机或摄像机的增稳设备，提供两个方向或三个方向的稳定控制。云台可以和控制电机集成在一个遥控器中，也可以用单独遥控器控制。

（11）数据链路

数据链路包括数传和图传。数传就是数字传输，数传终端和地面控制站（笔记本或手机等数据终端）接收来自飞控系统的数据信息。图传就是图像传输，接收机载相机或摄像机拍摄的图像。

2.1.2　多旋翼无人机装配与调试流程

多旋翼无人机装配与调试流程如图2-8所示。

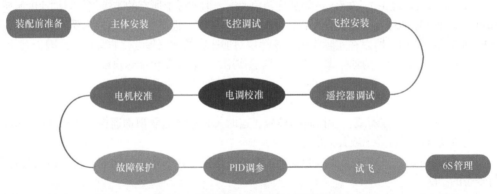

图2-8　多旋翼无人机装配与调试流程

2.1.3　多旋翼无人机配件清单

四轴碳纤维多旋翼无人机是一种常用的飞行训练无人机，这里以轴距为450mm多旋翼无人机（简称UAV-004）为例，介绍多旋翼无人机的装配过程，其配件清单如表2-1所示。工具清单如表2-2所示。

表2-1　UAV-004无人机配件清单

<---材 料 信 息--->			
部位	规格型号	名称	数量
机体系统	轴距是450mm(碳纤维材料)	机臂	4个
	带有PCB(玻璃纤维材料)	中心板	1个
	电源分线板	电源分线板	1个
	脚架三通	脚架三通	2个

笔记

续表

部位	规格型号	名称	数量
机体系统	脚架角度调制板	脚架角度调制板	4个
	电机固定底座	电机固定底座	4个
	脚架防滑套	脚架防滑套	4个
	碳纤维管管夹	碳纤维管管夹	4个
	碳纤维电池固定板	碳纤维电池固定板	1个
	电池固定板连杆	电池固定板连杆	4个
	24个M2.5×6、16个M3×8	机架螺栓	40个
	高度是19cm/22cm	碳纤维脚架	各2个
动力系统	朗宇A2212KV980	电机	4个
	1055正反桨2对	螺旋桨	4只
	好盈乐天20无刷	电调	4个
	APM2.8带电压电流计	飞控供电模块	1个
	3S2600mA·h 25CXT60接口	电池	1块
飞控系统	USB 数据线	数据传输线	1条
	GPS	GPS	1个
	APM或Pixhawk 飞控	飞控	1个
	安全开关		1个
	蜂鸣器		1个
	电流计		1个
遥控系统	天地飞遥控器	遥控器	1个
其他配件	香蕉公头	香蕉公头	12个
	香蕉母头	香蕉母头	12个
	XT60 型口公头	电源主线	1条
	直径5mm	热缩管	1m
	直径10mm	热缩管	0.5m
	2cm宽，20~30cm长	魔术贴扎带	1对
	宽3mm、长度80~100mm	尼龙扎带	25条

表2-2　UAV-004无人机装配工具清单

<---工具/设备信息--->		
型号/件号	名称	数量
笔记本电脑	电脑	1台
120W 防静电	电烙铁	1个
焊锡丝	焊锡丝	1卷
松香	助焊剂	1盒
老虎钳	老虎钳	1个
剪刀	剪刀	1把
直尺	直尺	1把
记号笔	记号笔	1支
绝缘防水胶带	绝缘防水胶带	1卷
剥线钳	剥线钳	1把
内六角螺丝刀	内六角螺丝刀	1套
3M胶	3M胶	1袋
水平尺	水平尺	2个

笔记

【任务实施】

技能训练任务：认识多旋翼无人机

1. 训练目的

通过认识多旋翼无人机各组成部件，掌握多旋翼无人机的结构组成及各部件的功能，能够独立地识别多旋翼无人机各部件名称及功用，为后续多旋翼无人机的装配工作打下基础。

2. 训练内容

笔记

工作任务单

任务名称	认识多旋翼无人机		
工具/设备/材料			
类别	名称	单位	数量
设备	多旋翼无人机	架	1
1.工作任务			
认识多旋翼无人机			
2.工作准备			
准备好多旋翼无人机			
3.工作步骤			
(1)在多旋翼无人机上指出机身部位			
(2)在多旋翼无人机上指出起落架部位			
(3)在多旋翼无人机上指出电调部位并说出功用			
(4)在多旋翼无人机上指出电机部位并说出功用			
(5)在多旋翼无人机上指出飞控系统部位并说出功用			
(6)在多旋翼无人机上指出接收机部位并说出功用			
(7)在多旋翼无人机上指出GPS模块部位并说出功用			
4.结束工作			
(1)清点工具和设备			
(2)清扫现场			

【巩固练习】

1.简述多旋翼无人机的结构组成及各部件的功用。

2.简述多旋翼无人机的装配流程。

任务 2.2　装配多旋翼无人机机体

【任务描述】

机体是多旋翼无人机的重要组成部分，了解多旋翼无人机机体的装配方法和装配流程，掌握多旋翼无人机机体正确的装配，为后续的多旋翼无人机飞控系统的装配打下基础。本任务主要介绍机体的内部结构组成，机体的装配方法和装配步骤。

笔记

【相关知识】

2.2.1　多旋翼无人机配件清单

四轴碳纤维多旋翼无人机是一种常用的飞行训练无人机，这里以轴距为450mm多旋翼无人机（简称UAV-004）为例，介绍多旋翼无人机的装配过程，其配件清单如表2-3所示。工具清单如表2-4所示。

表2-3　UAV-004机体材料清单

<---材 料 信 息--->			
部位	规格型号	名称	数量
机体系统	轴距是450mm（碳纤维材料）	机臂	4个
	带有PCB（玻璃纤维材料）	中心板	1个
	电源分线板	电源分线板	1个
	脚架三通	脚架三通	2个
	脚架角度调制板	脚架角度调制板	4个
	电机固定底座	电机固定底座	4个
	脚架防滑套	脚架防滑套	4个
	碳纤维管管夹	碳纤维管管夹	4个
	碳纤维电池固定板	碳纤维电池固定板	1个
	电池固定板连杆	电池固定板连杆	4个
	24个M2.5×6、16个M3×8	机架螺栓	40个
	高度是　19cm/22cm	碳纤维脚架	各2个

表2-4　UAV-004机体装配工具清单

<---工具/设备信息--->		
型号/件号	名称	数量
120W　防静电	电烙铁	1个
焊锡丝	焊锡丝	1卷
松香	助焊剂	1盒
老虎钳	老虎钳	1个
剪刀	剪刀	1把
直尺	直尺	1把

型号/件号	名称	数量
记号笔	记号笔	1支
绝缘防水胶带	绝缘防水胶带	1卷
剥线钳	剥线钳	1把
内六角螺丝刀	内六角螺丝刀	1套
水平尺	水平尺	2个

笔记

2.2.2 无人机装配前准备

在装配前将工作区域按照6S（整理、整顿、清扫、清洁、素养、安全）管理，将所需要的多旋翼零部件（图2-9）、所需工具（图2-10）准备完善，生产现场中将人员、机器、材料、方法等生产要素进行有效管理，针对学员日常行为方面提出要求，倡导从小事做起，力求使每位学员都养成6S管理习惯，从而达到提高整体工作质量的目的。

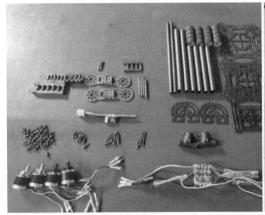 

图2-9　组装材料　　　　　　　　　　图2-10　组装工具

安装前注意事项：

因为组装好的机架内部空间很小，不方便焊接，所以我们选择先把电调输入端与电源主线焊接在主板上，焊接时应尽可能地缩短时间，因为长时间加热主板可能会造成损坏。

所有螺栓打上螺丝胶，防止其松动，尽量保证安全。

在组装过程中尽量保持对称，保证飞行器的重心不偏移。

为了避免电子设备干扰，电源线与信号连线尽可能不跨越飞控，要远离飞控，降低干扰。

2.2.3 组装UAV-004型多旋翼机架

焊接好电调和电源主线后，安装机架。

① 取出我们事先准备好的碳纤维零部件，先组装脚架，拿出两根较细的22cm碳纤维管套上选好的脚架三通，注意三通要居中，用直尺量好距离。拧紧三通底部的一个螺栓，然后套上准备好的脚架防滑套。如图2-11所示，取出两根较粗的19cm的碳纤维管，插入脚架三通中，注意碳纤维管有一头带有螺栓孔，把没有螺栓孔的一头插入，螺栓孔方向与脚架垂直，然后拧紧脚架三通上边的两个螺栓。如图2-12所示。

图2-11 组装脚架（1）

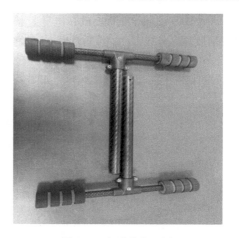

图2-12 组装脚架（2）

📑笔记

② 开始组装脚架与机身的连接器。取出组装所需要零件如图2-13所示，部件组装完成如图2-14所示，注意安装过程中所使用的螺栓涂上螺丝胶。

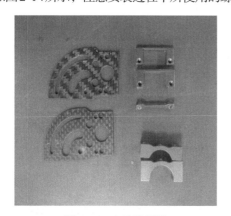

图2-13 连接器部件

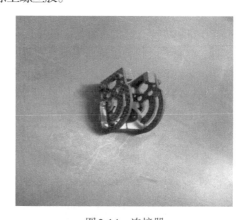

图2-14 连接器

图2-15 安装下底板

图2-16 安装电池托板

③ 取出机身下盖板和已经组装好的脚架用连接器连接，注意螺栓要拧紧并涂好螺丝胶，如图2-15所示。

④ 安装电池托板，取出四个电池托板与下底板的连接杆，用螺栓将其固定在下底板上，如图2-16所示。

...

...

⑤ 由于电源分线板要放在机身上下板之间，所以先把分线板固定在下底板上，剪取一块3M胶贴在分线板上，然后选取下底板中心位置固定好，如图2-17所示。

⑥ 安装上盖板。先取出上盖板，在上下盖板中间放机臂，调整机臂位置，保证四个机臂长度保持一致，最后旋紧螺栓。如图2-18所示。

笔记

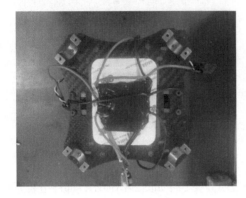

图2-17　固定分电板

图2-18　安装上盖板

⑦ 安装机臂。把带有螺栓孔的一段插入管夹内，拧紧上盖板的两颗螺栓和下盖板的三颗螺栓，其他三个机臂也这样安装，安装好后如图2-19所示。

⑧ 安装电机底座。取出选择好的电机底座固定到机臂上，此处应注意电机底座要与水平面平行，然后拧紧螺栓，安装好后如图2-20所示。

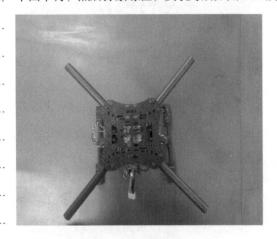

图2-19　安装机臂

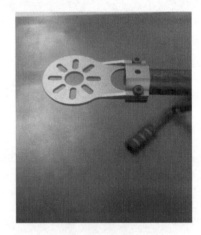

图2-20　安装电机底座

到这里机架就组装结束了。

【任务实施】

技能训练任务：装配多旋翼无人机机体

1. 训练目的

掌握多旋翼无人机机体的装配流程，能够识别多旋翼无人机机体组成部件，能够正确装配多旋翼无人机机体。

2. 训练内容

工作任务单

任务名称	装配多旋翼无人机机体		
工具/零部件/材料			
类别	名称	单位	数量
材料	剪刀	把	1
	直尺	把	1
	记号笔	支	1
	绝缘防水胶带	卷	1
	剥线钳	把	1
	内六角螺丝刀	套	1
	3M胶	片	1
	水平尺	把	2
	机臂	个	4
	中心板	个	1
	电源分线板	个	1
	脚架三通	个	2
	脚架角度调制板	个	4
	电机固定底座	个	4
	脚架防滑套	个	4
	碳纤维管管夹	个	4
	碳纤维电池固定板	个	1
	电池固定板连杆	个	4
	机架螺栓	个	40
	19cm/22cm碳纤维脚架	个	各2

1.工作任务

装配多旋翼无人机机体

2.工作准备

(1)清理零件,将装配部件都放在工作台上

(2)检查装配工具和材料

3.工作步骤

(1)组装脚架电池托板
两根较细的22cm碳纤维管套上选好的脚架三通,注意三通要居中并用直尺量好距离。拧紧三通底部的一个螺栓,然后套上准备好的脚架防滑套。拧紧三通底部的一个螺栓,套上准备好的脚架防滑套,然后取出两根较粗的19cm的碳纤维管,插入脚架三通中,注意碳纤维管有一头带有螺栓孔,把没有螺栓孔的一头插入,螺栓孔方向与脚架垂直,然后拧紧脚架三通上边的两个螺栓

(2)安装安装下底板
取出机身下盖板和已经组装好的脚架用连接器连接,注意螺栓要拧紧并涂好螺丝胶。然后安装电池托板,取出四个电池托板与下底板的连接杆,用螺栓将其固定好在下底板上

(3)固定分电板
电源分线板要放在机身上下板之间,所以我们先把分线板固定在下底板上,剪取一块3M胶贴在分线板上,然后选取下底板中心位置固定好

(4)安装上盖板
取出上盖板,在上下盖板中间放机臂,调整机臂位置,保证四个机臂长度保持一致,最后旋紧螺栓

(5)安装机臂
把带有螺栓孔的一段插入管夹内,拧紧上盖板的两颗螺栓和下盖板的三颗螺栓,其他三个机臂依次安装

4.结束工作

(1)清点工具和设备

(2)清扫现场

笔记

【巩固练习】

1. 多旋翼无人机机体是由哪些部件组成的？各有什么功用？
2. 简述在焊接无人机头XT60时应该注意哪些问题。

笔记

任务2.3 装配多旋翼无人机动力系统

电池动力系统的组成与连接

 【任务描述】

动力系统是多旋翼无人机的"心脏",了解多旋翼无人机动力系统的装配方法和装配流程,掌握多旋翼无人机动力系统各个组成部件正确的装配,为后续的多旋翼无人机的调试打下基础。本任务主要介绍多旋翼无人机的电池、电机、电调等设备的装配方法和装配步骤。

 【相关知识】

2.3.1 多旋翼无人机动力系统组成

多旋翼无人机动力系统主要是由电池、电调、电机、螺旋桨等组成。电池的作用是给电机和机载电子设备供电。电调的作用是将飞控的控制信号转变为电流信号,用于控制电机转速。电机的作用是为无人机提供升力、推力等。螺旋桨的作用是能够提供必要的拉力或推力,使飞机在空中移动。

2.3.2 焊接接头

(1)焊接电机线与电调连接线的香蕉头

因为电机自带的输入线都比较长,所以我们从电机线根部量出5cm,用剪刀剪断。在剪

图2-21 焊接香蕉头

断处量出3mm的长度用剥线钳剥去外皮,此处应注意选择合适的剥线钳槽孔,防止破坏内部的铜线,把松散的丝线用钳子拧紧。在裸线上绕一小段焊锡丝,用电烙铁加热焊锡丝,让整个裸线头被焊锡包住。

取直径为5mm的热缩管,剪2cm长的一段,套在电机线上。

取出小型台虎钳,用钳嘴夹固定香蕉母头,电烙铁温度调至320℃左右,如图2-21所示。选用尖头电烙铁焊锡,方便在接头处焊接,能够形成包围式接触,能够更好地使焊锡形成熔池。

然后,电烙铁从香蕉头(图2-22)侧面的圆孔中伸入,往母头端放入焊锡丝直到焊锡熔化,熔化的焊锡池不要太满,到三分之二处即可。在焊锡全部熔化后,立即插入电机线裸线头,如图2-23所示,在放入裸线时应尽可能地把热缩管远离焊笔防止受热收缩,直到焊锡

图2-22 焊接香蕉头

图2-23 焊接香蕉头

充分进入导线，稳住导线，从侧面拔走电烙铁。到焊锡冷却，放开电机线。

把预先套在电机线上的热缩管推到与香蕉头平头处，用热风枪加热热缩管，直到热缩管紧紧地套住香蕉头，剩余其他香蕉头都按此操作。

（2）焊接电源线XT60接口

拿出红色和黑色两条电源线，红色线为正极，黑色线为负极。取出直径8mm的热缩管剪出1cm套在电源线上，因为热缩管会遇热缩短，所以将热缩管远离焊接处。

在电源线头部用剥线钳剥去5mm长度的外皮，选择合适剥线钳的凹槽，防止损坏导线线芯，用钳子将分散的铜线拧紧。先在裸露的铜线上绕一小段焊锡丝，用电烙铁加热焊锡丝，让整个裸线头被焊锡包住。

把XT60公头固定在台虎钳上，这样焊接既方便又不容易变形，内部有塑料卡，应尽可能缩短焊接时间。在焊接口涂上助焊剂，电烙铁调至320℃左右，给XT60公头插头焊接端熔化合适的焊锡，如图2-24所示，切忌灌锡太多，以内表面均匀上锡即可，太多的焊锡可能会在焊接导线时溢出，致使接头外表面不光滑。将提前剥好的电源线放入（特别注意：正负极，红色正极，黑色负极，XT60插头明确标有正负极），用电烙铁稍作调整，稳住电源线，冷却后放开。

将提前套上去的热缩管移到焊接处，用热风枪加热热缩管直到收缩包裹住焊点，如图2-25所示。

 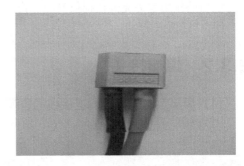

图2-24　焊接电源插头　　　　　　　图2-25　焊接插头完成

2.3.3　焊接电调线与电源线到机架分电板

（1）焊接电调线

首先拿出分电板，将分电板带触点一面朝上固定在工作台上，如图2-26所示。放好下中心板，中心板上标有正负极，正极为+，负极为–。用纸先擦干净标记+和–上的触点，保持触点洁净，在焊笔上放适量松香，一只手用焊笔加热触点，另外一只手不断地送焊锡丝到触点上，直到整个触点都盖一层较厚的焊锡。焊锡区千万不要超出触点的范围。

拿出事先选择好的电调，电调的平整面向上，用剥线钳剥开5mm长的电线皮，电调红黑两根线端分别对着下中心板的一组正极+和负极–的触点，加少量的焊锡丝在触点上，用电烙铁把红色线焊接在+号的触点上，把黑色线焊接在–号的触点上。特别注意：正负电极要与电源一致，否则一旦接通电源电调就会被短路损坏。用同样的方式焊接剩下的三个电调。

（2）焊接电源主线

拿出电源主线，用直尺从接口处量9cm，用剪刀剪断。剥线钳剥开5mm长的电线皮，用以上的方法给裸线头上锡，焊接在下中心板的电源输入+和–上。注意电源主线的T形口要向外且正负极不要弄反。由于分线板为电路集成板，有很多电子元器件，所以用绝缘防水胶带将其包裹，如图2-27所示。

图 2-26　分电板

图 2-27　分电板焊接完成

笔记

2.3.4　电机的安装

　　把电机放在机臂电机安装座上，电机线向中心板方向，三条电源线分别向下穿过机臂孔。拿出机臂附带的电机安装螺栓，在螺栓上滴一点螺丝胶，把电机拧紧在机臂上。拧紧后，要通过电机座的散热孔观察一下，看螺栓有没有太长而顶到电机定子上。安装效果如图 2-28 所示。

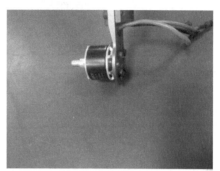

图 2-28　安装电机

2.3.5　安装电调

　　为了安装电调时更加牢固，要把平整的那面装在机臂上，并用自锁扎带固定，依次将其余电调安装至机臂。

2.3.6　电池的安装

　　① 在电池的下表面上，用双面胶粘上绒面魔术贴。
　　② 用直尺分别在电池挂板上量出长边和短边的中心位置，用记号笔画两条线。
　　③ 把电池用魔术贴粘到电池挂板上，安装的位置要与之前画的中心线对应，保持无人机中心位置。
　　④ 在电池挂板长边两头的长方形槽上，扣上魔术扎带，把电池扎紧。
　　电池安装完成。

　【任务实施】

技能训练任务：装配多旋翼无人机动力系统

　　1. 训练目的
　　掌握多旋翼无人机动力系统的装配流程，能够识别多旋翼无人机动力系统组成部件，能够正确装配多旋翼无人机动力系统。

2. 训练内容

工作任务单

任务名称	装配多旋翼无人机动力系统		
工具/零部件/材料			
类别	名称	单位	数量
工具	120W防静电电烙铁	台	1
	焊锡丝	卷	1
	松香	盒	1
	老虎钳	台	1
	剥线钳	把	1
	内六角螺丝刀	套	1
零部件	机臂	个	4
	中心板	个	1
	电源分线板	个	1
	电池	个	4
	电机	个	1
	电调	个	4
材料	香蕉公头	个	12
	香蕉母头	个	12
	电源主线	条	1
	热缩管	米	1
	热缩管	米	0.5
	3M胶	片	1
	绝缘防水胶带	卷	1
1.工作任务			
装配多旋翼无人机动力系统			
2.工作准备			
(1)清理零件,将装配部件都放在工作台上			
(2)检查装配工具和材料			
3.工作步骤			
(1)焊接接头 ① 焊接电机线与电调连接线的香蕉头 ② 焊接电源线XT60接口 ③ 焊接电调线与电源线到机架分电板			
(2)电机安装 将电机放进孔中,注意轴放在孔外,否则螺旋桨会安装不上去,再把螺栓拧上			
(3)电调安装 将电调用双面胶胶带粘贴在机舱合适的位置			
(4)电池的固定			
4.结束工作			
(1)清点工具和设备			
(2)清扫现场			

笔记

【巩固练习】

1.多旋翼无人机动力系统是由哪些部件组成的？各有什么功用？
2.简述多旋翼无人机动力系统的装配流程。

笔记

任务2.4　装配多旋翼无人机飞控系统

【任务描述】

准备轴距为450mm的碳纤维多旋翼无人机天地飞9遥控器；装配多旋翼无人机飞控与遥控器调试。（任务2.5以Pixhawk调试为主，本任务以APM飞控为主。Pixhawk与APM调参一致，接口定义几乎相同）

 笔记

【相关知识】

2.4.1　多旋翼无人机飞控系统配件清单

四轴碳纤维多旋翼无人机是一种常用的飞行训练无人机，这里以轴距为450mm多旋翼无人机（简称UAV-004）为例，介绍多旋翼无人机的飞控安装过程，其配件清单如表2-5所示。工具清单如表2-6所示。

表2-5　UAV-004飞控系统材料清单

<---材 料 信 息--->			
部位	规格型号	名称	数量
飞控系统	USB 数据线	数据传输线	1 条
	GPS	GPS	1 个
	APM 或 Pixhawk 飞控	飞控	1 个
	安全开关	安全开关	1 个
	蜂鸣器	蜂鸣器	1 个
	电流计	电流计	1 个
遥控系统	天地飞9遥控器	遥控器接收机	1 个
其他配件	减震海绵	减震海绵	1块
	减震板	减震板	1张
	减震球	减震球	4个
	200mm×5mm	扎带	若干
	10mm	电工胶带	1卷

表2-6　UAV-004工具清单

<---工具/设备信息--->		
型号/件号	名称	数量
笔记本电脑	电脑	1台
剪刀	剪刀	1把
直尺	直尺	1把
记号笔	记号笔	1支
绝缘防水胶带	绝缘防水胶带	1卷
剥线钳	剥线钳	1把
内六角螺丝刀	内六角螺丝刀	1套

续表

型号/件号	名称	数量
3M胶	3M胶	1袋
水平尺	水平尺	2把

2.4.2　飞控安装

（1）检查飞控内部

飞控内置了气压计用于定高，由于气流会干扰气压计，飞控在气压计部位一般会覆盖一块海绵来降低外界环境对气压计的干扰。海绵一般在出厂前都会装好，为了确保海绵已经装好，可以拆开飞控，检查下是否已经安装。

（2）安装减震板

取出大的减震板，在4个孔装上减震球。

在上中心板上，先用减震板找到中心位置。确定安装位置后，在四个减震球位置贴一小块 2cm×2cm 海绵双面胶，把减震板粘到中心板上。使用螺栓将减震板固定。

把上层减震板装到减震球上。在上层减震板贴海绵3M胶用来固定飞控和对飞控进行二次减震，飞控尽量装在减震板的正中。安装飞控的时候，飞控外壳上写着"FORWARD"的箭头对着红色两个机臂中部，检查飞控是否水平，飞控是否与飞机机头方向一致，如图2-29所示。

（3）电调的接线与固定

四轴无人机总共有4个电调，分布在4个机臂上，取一条机臂，把电调上海绵双面胶的另一面薄膜撕掉，粘在机臂上。为了让4个电调安装的位置一致，粘接电调的时候，要粘在从机臂上螺栓那头开始数的第一节位置。然后用扎带放在电调中间，紧紧地扎紧在机臂上。用同样的方法，把剩余的电调固定好。将电调的一段3根粗线与电机连接如图2-30所示，另一端杜邦线插入飞控。APM飞控机头右边电机为一号电机，一号电机对角为二号电机，机头左边为二号电机，二号电机对角为四号电机，按照此顺序把杜邦线插入飞控OUTPUTS接口1、2、3、4，如图2-31所示。

图2-29　飞控固定

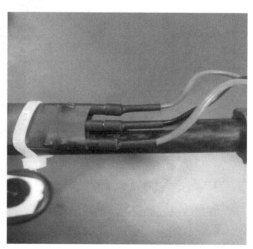

图2-30　电机插线

笔记

图2-31 电调插线

为了防止安装电调后会松动，剪一块3cm×1cm的海绵双面胶，撕掉海绵双面胶一面的薄膜，粘在电调平整面的中间位置。电调的这面装有散热片，不能把整个面都用海绵双面胶覆盖着。

（4）接收机的接线与固定

飞控的INPUT输入端，每个INPUT的通道从上到下分别是信号针、正极针、负极针三个针脚。接收机的输出通道，从上到下分别是信号针、正极针、负极针。飞控的INPUT输入端的信号、正极、负极要与接收机输出通道的信号、正极、负极一一对应。

用一条杜邦线插在APM的INPUT的1接口，另外一端连接接收机的输出通道1号接口，检查下飞控端和接收机端的信号、正极、负极是否一一对应。按同样的方法，把剩余的7个通道进行连接，如图2-32所示。

图2-32 接收机安装

在接收机底部使用海绵双面胶固定，再用扎带扎稳，防止接收器脱落。

接收机的天线端用扎带扎在脚架上。

（5）GPS的安装与接线

取出事先选择好的GPS，首先把GPS支架固定在机身板上，如图2-33（a）所示，剪下与GPS形状相同的3M胶粘在GPS背面，固定在支架上。把GPS连接线插在飞控GPS接口处，如图2-33（b）所示。

注意：GPS是有方向的，GPS方向与飞控机头方向一致。

(a) GPS支架固定　　　　　　　　　(b) GPS与飞控连接

图2-33　GPS安装

（6）飞控电源模块的接线

把电源模块的电源线插到APM飞控的PM端口上，再用热熔胶枪把PM插头固定防止飞行过程中松动，如图2-34所示。

图2-34　电源模块插线

 【任务实施】

技能训练任务：装配多旋翼无人机飞控系统

1. 训练目的

熟悉APM飞控端口功能，能够正确装配APM飞控系统，能够正确连接飞控系统周边电路。

2. 训练内容

工作任务单

任务名称	装配多旋翼无人机飞控系统		
工具/零部件/材料			
类别	名称	单位	数量
工具	笔记本电脑	台	1
	剪刀	把	1
	直尺	把	1
	记号笔	支	1
	绝缘防水胶带	卷	1
	剥线钳	把	1
	内六角螺丝刀	套	1
	3M胶	片	1
	水平尺	把	2
零部件	飞控系统	套	1
	遥控器	个	1
	接收机	个	1
材料	减震海绵	块	1
	减震板	块	1
	减震球	个	4
	扎带	根	若干
	电工胶带	卷	1

1.工作任务
装配多旋翼无人机飞控系统
2.工作准备
(1)清理零件,将装配部件都放在工作台上
(2)检查装配工具和材料
3.工作步骤
(1)检查内部是否放了海绵
(2)安装减震板
(3)电调的接线与固定
(4)接收机的接线与固定
(5)GPS的安装与接线
(6)飞控电源模块的接线
4.结束工作
(1)清点工具和设备
(2)清扫现场

【巩固练习】

1. 多旋翼无人机飞控板与哪些部件相连?安装飞控板时要注意哪些问题?

2. 安装GPS时注意哪些问题?

任务 2.5　调试多旋翼无人机飞控系统

【任务描述】

通过多旋翼无人机飞控系统调试练习，掌握多旋翼无人机飞控系统的调试，能够独立地安装多旋翼无人机飞控调试软件，能够独立地使用地面站软件完成多旋翼无人机飞控系统的调试，培养多旋翼无人机飞控系统的调试技能。

【相关知识】

2.5.1　多旋翼无人机飞控配件清单

Pixhawk是一种常用的飞行训练无人机飞控，这里以轴距为450mm多旋翼无人机（简称UAV-004）为例，介绍多旋翼Pixhawk无人机飞控的固件安装与加速度计校准过程，其配件清单如表2-7所示。工具清单如表2-8所示。

表2-7　Pixhawk材料清单

<---材料信息--->			
部位	规格型号	名称	数量
飞控系统	USB 数据线	数据传输线	1条
	GPS	GPS	1个
	APM 或 Pixhawk 飞控	飞控	1个
	安全开关		1个
	蜂鸣器		1个
	电流计		1个

表2-8　Pixhawk工具清单

<---工具/设备信息--->		
型号/件号	名称	数量
笔记本电脑	电脑	1台
水平尺	水平尺	2个
USB调参数据线	调参数据线	1条
无变形硬纸板或表面平整的其他材料	辅助硬纸板	3张

2.5.2　Pixhawk飞控的组成及各部分功用

为方便后期调试和准确确定飞机故障问题，在调试前，先进行Pixhawk飞控（与APM飞控基本一致）插口功用和状态指示灯闪烁方式判断故障学习。

（1）Pixhawk各插口功用

正面（图2-35）：

① SpektrumDSM2 或 DSMX卫星接收机接口。

笔记

② (丝印字符TELEM1) TTL串口数据，数传电台。

③ (丝印字符TELEM2) TTL串口数据，常用于连接OSD。

④ 外接USB连接口，用于延长USB 接口到外面。

⑤ SPI总线。

⑥ 电源模块接口。

⑦ 安全开关接口。

⑧ 蜂鸣器接口。

⑨ TTL串口4和5。

⑩ GPS模块接口。

⑪ CAN总线接口。

⑫ I²C总线接口。

⑬ ADC输入最高6.6V。

⑭ ADC输入最高3.3V。

⑮ LED信号灯。

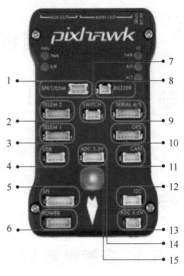

图2-35　正面接口功能示意图

侧面1 (图2-36):

① 输入输出模块复位按钮。

② TF/SD卡插槽。

③ 飞行控制模块复位按钮。

④ Micro-USB接口。

侧面2 (图2-37):

① 遥控器输入PPM格式，最多支持8个通道，大多数用户需要PWM转PPM模块。

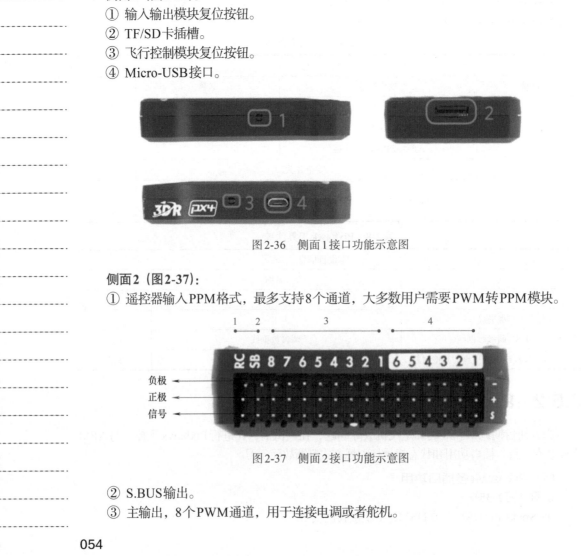

图2-36　侧面1接口功能示意图

图2-37　侧面2接口功能示意图

② S.BUS输出。

③ 主输出，8个PWM通道，用于连接电调或者舵机。

④ 辅助输出,6个PWM通道,用于其他扩展,例如舵机云台。

(2) Pixhawk指示灯闪烁含义

① Pixhawk指示灯和蜂鸣器的含义（图2-38）。

红灯和蓝灯闪：初始化中，请稍等。

黄灯双闪：错误，系统拒绝解锁。

蓝灯闪：已加锁，GPS搜星中。自动导航，悬停，还有返回出发点模式需要GPS锁定。

绿灯闪：已加锁，GPS锁定已获得。准备解锁。从加锁状态解锁时，会有快速的两次响声提示。

绿灯长亮加单次长响：GPS锁定并且解锁，准备起飞。

黄灯闪：遥控故障保护被激活。

黄灯闪，加快速重复响：电池故障保护被激活。

黄灯蓝灯闪，高—高—高—低响：GPS数据异常或者GPS故障保护被激活。

② Pixhawk安全开关含义（图2-39）。

快速、持续闪烁：执行系统自检中，请稍等。

间歇闪烁：系统就绪，请按安全开关按钮以激活系统。

常亮：已经准备好解锁，可以执行解锁程序。

📝笔记

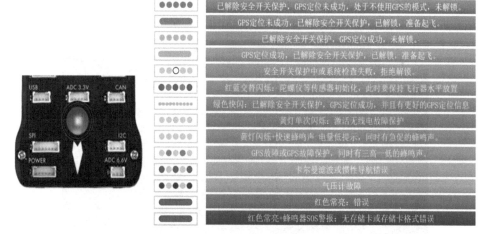

图2-38 Pixhawk指示灯和蜂鸣器各类状态示意图

图2-39 Pixhawk安全开关闪烁状态示意图

2.5.3 Pixhawk调试步骤

（1）固件安装

Mission Planner-latest地面站安装及Pixhawk固件安装。进入官方网站点击STORES→下拉菜单DOWNLOADS点击Missionr Planner→下载Missionr Planner最新版本并进行安装。

使用USB线将飞控与电脑连接，选择连接的COM口，波特率为115200，如图2-40所示。连接后第一步选择安装固件，固件中有多个选项如汽车、多旋翼飞机、四旋翼飞机、六旋翼飞机等。这里选择四旋翼或六旋翼飞机，会弹出对话窗口提醒是否升级固件，点击"YES"将固件安装完毕，如图2-41所示。

笔记

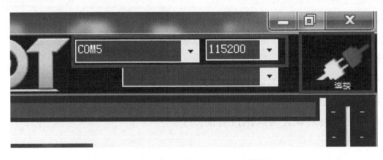

图2-40　地面站与Pixhawk连接界面

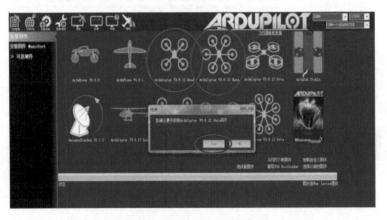

图2-41　固件安装界面

（2）硬件的校准和调试

在Pixhawk飞控调参菜单"必要硬件"中包含飞机大部分的硬件调试，如机架类型校准、加速度计校准、指南针校准、遥控器校准、飞行模式设置等一系列必要硬件校准和设置。接下来按照需求进行下一步校准与调试。

① 机架类型选择。点击机架类型弹出新的对话框，对话框中包括"十字形""X形""V形""H形""新Y形"等一系列机型，如图2-42所示。各类机型的特点和所适合的飞机以及飞机布局操控方式都有非常大的关系。可根据对飞机需要的性能选择机架类型，6轴、8轴通常使用"X形"，本任务Pixhawk飞控六旋翼机选用"X形"模式，其飞行参数更加稳定可靠，飞行性能更优。

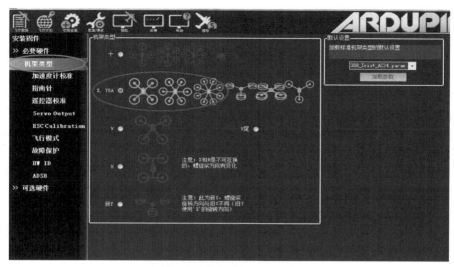

图2-42　机架类型选择界面

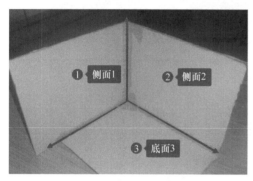

图2-43　辅助校准装置

② 加速度计校准。加速度计的校准，在后面的PID自动调参中起到了十分关键的作用，加速度计校准越准确，则飞机调参越精确，飞机飞行越稳定。因此在加速度计校准时应该保证加速度计的校准准确无误，越精确越好。为使加速度计校准更为精确，制作一个辅助校准装置，辅助校准装置采用三张平整硬板制作，用三块平整硬板相互垂直地拼接在一起。具体装置如图2-43所示，由侧面1、侧面2、底面3拼接组成，侧面1、侧面2、底面3之

笔记

图2-44　辅助校准装置检测过程

间两两相互垂直。在装置制作完成后用手机打开水平检测软件，测试装置的三个面是否相互垂直。寻找一个相对水平的桌面，用手机测试是否水平，测试过后作为基准面，将该装置放置在桌面上，使用手机水平放置在校准装置底面3上进行水平检测，检测完毕后将手机贴合装置的侧面1、侧面2竖直放置，检测水平装置的侧面1、侧面2是否和底面垂直。辅助校准装置的侧面1、侧面2、底面3是两两相互垂直的就是最理想的状态，检测过程如图2-44所示。

辅助校准装置检测完毕后开始进行加速度计校准，首先在加速度校准前应该用水平仪或者手机水平测试软件检测桌面或者地面是否水平，然后将校准辅助装置水平放置在桌面上。在必要硬件中选择加速度计校准，开始校准。步骤如下：

第1步，Place vehicle LEVEL and press any key（注：飞控水平放置）——这里将飞控水平放置在校准辅助装置上［如图2-45（a）所示］——完成动作后点击。

第2步，Place vehicle on its LEFT side and press any key——飞控箭头方向反向贴合校准辅助装置的侧面1垂直放置，飞控正面贴合侧面2，保证飞控的正面是始终垂直于底面的［如图2-45（b）所示］——完成动作点击。

(a) 校准第1步　　　　　　　　　　(b) 校准第2步

图2-45　加速度计校准第1、2步

第3步，Place vehicle on its RIGHT side and press any key——飞控的背面贴合校准辅助装置的侧面2，飞控箭头指示方向贴合侧面2，立起来放置，保证飞控的右侧是始终垂直于底面的［如图2-46（a）所示］——完成动作点击。

 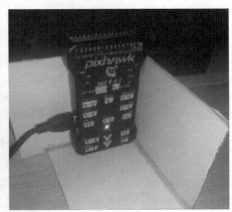

(a) 校准第3步　　　　　　　　　　(b) 校准第4步

图2-46　加速度计校准第3、4步

第4步，Place vehicle nose DOWN and press any key——以箭头所指方向指向地面，

飞控的背面贴合校准辅助装置的侧面1立起来放置，飞控侧面贴合侧面2。保证飞控的机头方向是始终垂直于底面的［如图2-46（b）所示］——完成动作点击。

第5步，Place vehicle nose UP and press any key——以箭头所指方向指向正上方，飞控的背面贴合校准辅助装置的侧面2立起来放置，飞控侧面贴合侧面1，立起来放置。保证飞控的尾部方向是始终垂直于底面的［如图2-47（a）所示］——完成动作点击。

第6步，Place vehicle on its BACK and press any key——将飞控正面朝下水平放置在底面上，保证飞控的正面是始终朝下，飞控的侧面垂直于底面［如图2-47（b）所示］——完成动作点击。

(a) 校准第5步

(b) 校准第6步

图2-47　加速度计校准第5、6步

加速度计的校准也可以直接采用两个水平仪进行校准，如图2-48所示。

注意：切记在校准加速度计时不要凭感觉校准六个平面，精度不够会直接影响飞行安全，甚至会造成飞行过程摔机。

(a) 1水平

(b) 2对左

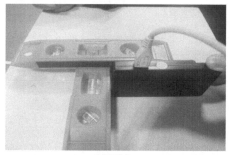
(c) 3对右

(d) 4对上

图2-48

笔记

(e) 5对下　　　　　　　　　　　　　　　　　(f) 6水平向下

图2-48　加速度计校准

（3）指南针校准

选择菜单界面中的指南针，对罗盘进行校准，本方案校准的是内置罗盘（如有外置罗盘也可选用外置罗盘）。先点击内置罗盘校准，选择好后点击现场校准，在右侧弹出的窗口中不勾选左下角的使用自动确认（自动确认是指在消除白点后自动确认校准，不使用自动确认可使校准更为精准），校准过程中拿住飞控和USB接口，进

图2-49　指南针8字画弧运动示意图

行8字画弧，将所有白点消除后，点击"DONE"键弹出偏移量对话框则校准完成。在做8字（8字校准可以快速找到所有的校准目标，也可以使用传统校准模式每个面进行360°校准）过程中应该注意保证数据线的连接稳定，防止在校准过程中连接松动。校准方式如图2-49所示。

图2-50　指南针8字画弧实物演示图

指南针8字画弧实物演示图如图2-50所示。

罗盘校准包括外置罗盘校准和内置罗盘校准，虽然当飞机有两个罗盘时在一定情况下能更准确地测量飞机的偏移量，但是当两个罗盘数据相差过大时也会导致飞机的偏移量更大。本方案中选择安装前校准飞控，只能校准内置罗盘。如果有外置罗盘，可选择Pixhawk与外置罗盘，将罗盘连接飞控一起校准即可。内置磁罗盘校准也可以在飞机装机后再进行校准。

磁罗盘校准的页面跟加速度校准基本一样在同一个菜单下，点击Install-setup（初始设置），点击Mandatory Hardware（必要硬件）菜单，选择罗盘菜单，根据选择的飞控配置按图2-51勾选对应的设置后点击Live Calibrated（现场校准）。点击以后会弹出提醒菜单，请单击确认并且将自动驾驶仪绕所有轴做圆周运动，点击"OK"。对着地面放一次，每个面自转360°一次；如果是外置罗盘，则转动外置罗盘。

然后弹出如图2-52所示界面，请在60s内转动Pixhawk，每个轴至少转一次，即俯仰360°一次，横滚360°一次，水平原地自转360°一次，如果前面加速度校准的那个方盒子还没拆除，那么就是每个面对着地面放一次，每个面自转360°一次；如果是校准外置罗盘，则转动外置罗盘进行校准。

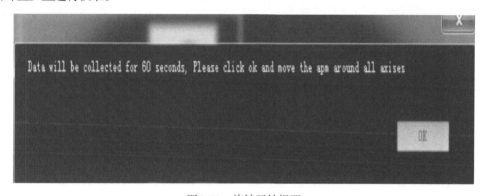

图 2-51　旋转开始提醒

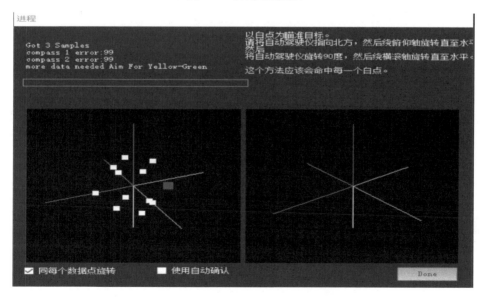

图 2-52　罗盘校准

在转的过程中，系统会不断记录罗盘传感器采集的数据，如图2-53所示，数据量不断累加，如果数据没有变化，请检查罗盘是否已经正确连接。

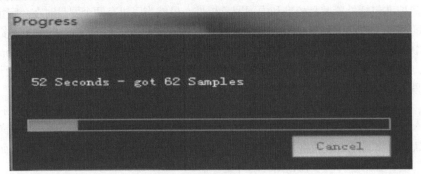

图 2-53　罗盘校准

指南针校准过程界面如图 2-54 所示，点击 Done 保存，会弹出确认界面如图 2-55 所示，点击 OK 保存，完成罗盘的校准。

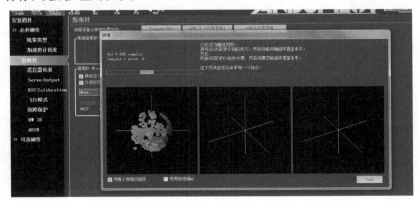

图 2-54　指南针校准过程界面

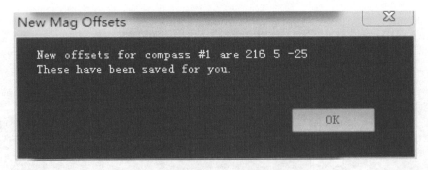

图 2-55　指南针校准偏移量确认窗口

【任务实施】

技能训练任务：调试多旋翼无人机飞控系统

1. 训练目的

掌握多旋翼无人机飞控固件安装流程，能够对多旋翼无人机 Pixhawk 飞控端口定义，能够正确校准多旋翼无人机 Pixhawk 飞控的加速度计与磁罗盘。

2. 训练内容

工作任务单

任务名称		调试多旋翼无人机飞控系统		
工具/零部件/材料				
类别	名称		单位	数量
工具	笔记本电脑		台	1
	水平尺		把	2
	无变形硬纸板或表面平整的其他材料		张	3
	飞控供电模块		个	1
	数据传输线		条	1
	GPS		个	1
	APM或Pixhawk飞控		个	1
	安全开关		个	1
	蜂鸣器		个	1
	电流计		个	1

笔记

1.工作任务

调试多旋翼无人机飞控系统

2.工作准备

(1)清理零件,将装配部件都放在工作台上

(2)检查装配工具和材料

3.工作步骤

(1)固件安装

进入官方网站点击STORES→下拉菜单DOWNLOADS点击Mission Planner→下载Mission Planner最新版本并进行安装。使用USB线将飞控与电脑连接,选择连接的COM口,波特率为115200。连接后第一步选择安装固件,固件中有多个选项如汽车、多旋翼飞机、四旋翼飞机、六旋翼飞机等。这里我们选择四旋翼或六旋翼飞机,会弹出对话窗口提醒是否升级固件,点击"YES"将固件安装完毕

(2)硬件的校准和调试

在Pixhawk飞控调参菜单"必要硬件"中包含飞机大部分的硬件调试,如机架类型、加速度计校准、指南针校准、遥控器校准、飞行模式设置等一系列必要硬件校准和设置。接下来按照需求进行下一步校准与调试

(3)机架类型选择

点击机架类型弹出新的对话框,对话框中包括"十字形""X形""V形""H形""新Y形"等一系列机型。各类机型的特点和所适合的飞机以及飞机布局操控方式都有非常大的关系。可根据对飞机需要的性能选择机架类型,6轴、8轴通常使用"X形",本任务Pixhawk飞控六旋翼机选用"X形"模式,其飞行参数更加稳定可靠,飞行性能更优

(4)加速度计校准

加速度计的校准,在后面的PID自动调参中起到了十分关键的作用,加速度计校准得越准确则飞机调参越精确,飞机飞得越稳定。因此在加速度计校准时我们应该保证加速度计的校准准确无误,越精确越好。在飞控加速度计校准时一定要参照仪器或设备进行校准

(5)指南针校准

选择菜单界面中的指南针,对罗盘进行校准,本方案校准的是内置罗盘(如有外置罗盘也可选用外置罗盘)。先点击内置罗盘校准,选择好后点击现场校准,在右侧弹出的窗口中不勾选左下角的使用自动确认(自动确认是指在消除白点后自动确认校准,不使用自动确认可使校准更为精确。),校准过程中拿住飞控和USB接口,进行8字画弧,将所有白点消除后点击"DONE"键弹出偏移量对话框则校准完成。在做8字(8字校准可以快速找到所有的校准目标,也可以使用传统校准模式每个面进行360°校准)

4.结束工作

(1)清点工具和设备

(2)清扫现场

【巩固练习】

1. 多旋翼无人机飞控传感器是由哪些部分组成的？各有什么作用？
2. 为什么要对无人机飞控进行加速度计与磁罗盘校准？

笔记

任务2.6　调试多旋翼无人机遥控器

【任务描述】

遥控器是地面人员通过无线电发送指令并有效控制无人机飞行的重要装置。了解多旋翼无人机遥控器的调试方法和流程，才能掌握多旋翼无人机正确的调试方法。本任务主要介绍多旋翼无人机遥控器的调试方法和步骤。

笔记

【相关知识】

2.6.1　遥控器调试

为避免在调试时有通道未开启或通道设置错的情况，在Mission Planner-latest地面站软件调试时需进行遥控器校准和各类飞行模式切换。为简化流程，使遥控器校准和飞行模式调试环节简便，本任务优先进行遥控器通道设置。因各类遥控器种类繁多，天地飞9Ⅱ遥控器的通道较多且价格适中，所以本任务选取天地飞9Ⅱ遥控器进行调试。具体设置流程如下。

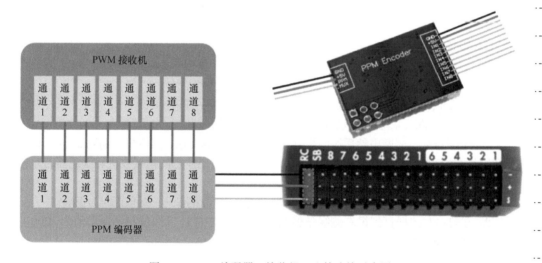

图2-56　PPM编码器、接收机、飞控连接示意图

（1）连接编码器、接收机、飞控

Pixhawk飞控的遥控输入既支持SBUS也支持PWM。此次选PWM接收机进行调试，使用PWM接收机需用PPM编码器进行转接。具体接法如下：

将PWM接收机和PPM编码器通道一一对应连接，通道1连接通道1，通道2连接通道2，以此类推，然后将PPM编码器连接在Pixhawk飞控RC接口上（PPM编码器、接收机、飞控连接示意如图2-56所示）。然后使用USB数据线给飞控通电，用遥控器和接收机对码。

（2）设置遥控器通道开关（图2-57）

开关F（三段开关）分配给通道5。0：姿态模式；1：定点定高；2：自主飞行。

开关E（两段开关）分配给通道7。0：返航关闭；2：返航启用。

开关C（两段开关）分配给通道8。0：自动调参/无头模式关闭；2：自动调参/无头模式启用。

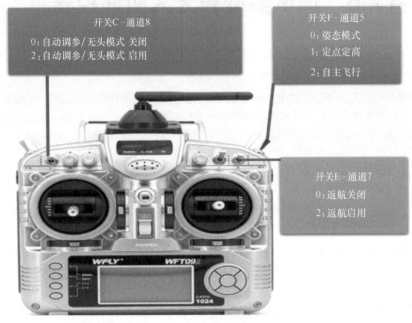

图2-57 遥控器通道开关分配示意图

具体设置方法：

① 按住MENU键开机—机型参数选择—选择第二个模型—关机；

② 按住MENU键开机—修改机型名称（避免机型过多弄混）；

③ 开机重启—进入MENU菜单—进入辅助通道设置—通道5修改为F、通道7修改为E、通道8修改为C—进入监视器检查通道开关设置是否正确；

指南针校准后，先断电然后按照规范（图2-56所示的飞控、接收机、编码器连接方法）进行连接（本任务选取天地飞9Ⅱ遥控器进行调试）。需要注意的是接收机和编码器若是接错，飞控有烧毁的可能性。

① 油门：推到顶绿值为1000左右/降到底绿条2000左右——绿条正向为正确；

② 方向：左摇杆打到最右侧绿条值为1000左右/左摇杆打到最左侧绿条值为2000左右——绿条正向为正确；

③ 升降：推到顶绿条值为1000左右/降到底绿条值为2000左右——绿条反向为正确；

④ 方向：右摇杆打到最右侧绿条值为1000左右/右摇杆打到最左侧绿条值为2000左右——绿条正向为正确；

⑤ 通道5、7、8：开关打到0时绿条最低/打到2时绿条最高/打到1时绿条中立——绿条正向为正确。（拨动通道8开关时，看下Radio 8的最高值是否大于1800。通道8的行程值必须要大于1800，否则进行自动调参时，此开关没有作用，不能开启自动调参模式。如果没有达到1800的行程值，要检查下遥控器的通道开关是否设置错误，或者点下校准遥控器重新把所有通道校正一次。）

若是在校准过程中出现反向情况需要将反向的全部调整过来，调整方法如下：

遥控器进入MENU菜单—进入正反设置—将错误通道进行反向—在地面站软件遥控器

设置中再次检查。全部通道正确后，遥控器设置就完成了，如图2-58所示。

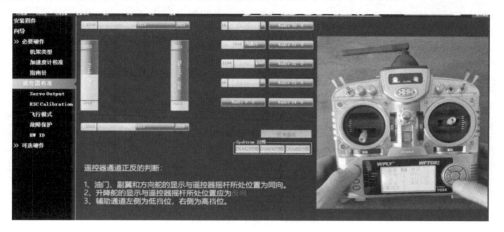

图2-58　地面站遥控器校准界面

（3）飞行模式设置和通道7、通道8功能设置

遥控器完成校准后，先进行飞行模式调试。首先点击飞行模式，进入飞行模式设置。拨动遥控器上的第5通道，第5通道的0挡位对应飞行模式1、1挡位对应飞行模式4、2挡位对应飞行模式6。分别把飞行模式1设置成Stabilize（自稳）模式、飞行模式4设置成Loiter（悬停，在GPS模式下运行）、飞行模式6设置成ALT_HOLD（定高）模式，点击"保存模式"如图2-59所示，飞行模式就设置完毕了。再次拨动第5通道开关，验证是否正确。

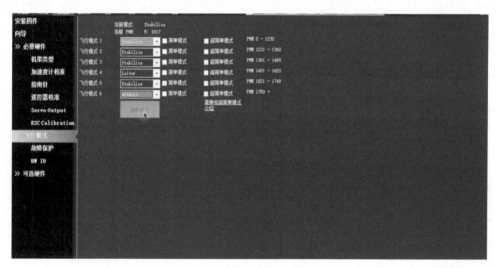

图2-59　飞行模式设置界面

接下来进行通道7、通道8功能设置，首先进入配置调试窗口，里面有一个扩展调参选项，扩展调参选项中可设置PID值和通道7、8的功能，由于PID设置过于烦琐，将在后面章节进行详细的撰写，现进行通道7、8的功能设置。具体设置如下：

通道7设置为RTL（一键返航）模式、通道8设置为Auto Tune（自动调参）模式，点击写入参数则完成了通道7、8的功能设置，如图2-60所示。

笔记

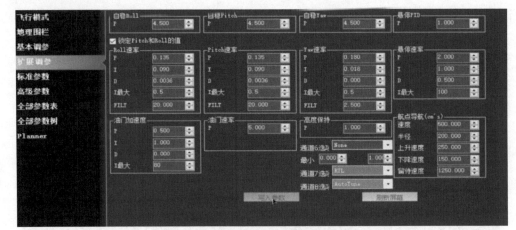

图2-60　通道7、8设置窗口

2.6.2　油门行程校准

在进行油门校准前要先将安全模式关闭（在未关闭安全模式的前提下进行油门校准非常烦琐，为简化步骤先将安全模式关闭）。进入配置调试界面的全部参数表找到BRD_SAFETYENABLE，将其后面的参数改为0（1为开启安全模式，0为关闭安全模式）如图2-61所示，点击写入参数，修改完毕。在油门行程校准完毕后再将安全模式按照上面关闭的方法修改回正常开启模式。

图2-61　安全开关禁用窗口

2.6.3　电调的校准

电子调速器（电调）负责使电机运行在飞控所请求的旋转速度，多数电调需要校准，其目的是让电调记住遥控油门的最大值和最小值，这样它们才能知道飞控发出的最小与最大的PWM（信号输出）值。

电调校准基于所使用的电调的品牌会有所不同，所以需要参考你所使用的品牌的电调的文档查看特定信息（比如音调）。多数电调使用 "一次性校准"便可工作良好，如果失败了再尝试"手动逐个电调校准"方法。

电调逐个校准具体步骤如下：

① 在校准电调之前，请确保飞行器上没有安装螺旋桨，飞控没有通过USB连接到电脑，锂电池也没有连接。

② 电调先不要上电，电调需要接好电机，校准过程中的声音提示都是通过电机发声的。

③ 将电调的杜邦线连接到遥控接收机的油门通道（通常为通道3），打开发射机，然后将油门摇杆置于最大，在油门杆的最大状态下给电调上电，电调"嘀嘀"两声后进入校准模式，此时迅速拉低油门，电调"嘀"一声或者一段音乐声后校准成功。

一段音乐声而后有两个"哔"音，在两个"哔"音之后，将油门摇杆放至最低。然后你会听到几声"哔"音（每一声代表你所使用的电池的一芯），随后一个长"哔"声表示终点已被设定而且电调已校准。

④ 断开电池。在所有电调上重复这些步骤。

如果出现电调不能校准的情况，说明发射机上的油门通道可能需要反向，如果在尝试了这些方法之后仍遇到问题（比如电调仍旧响个不停），尝试调低你的油门微调50%，另外可以尝试在插上锂电池之前先通过USB给飞控板供电使其启动。

也可以单独给电调校准（不需要连接飞控，直接给电调供电，电调连接接收机），校准步骤如下：

① 将遥控器打开油门杆打到最高位；

② 用电池给飞机通电，通电后飞机会发"哔——哔——哔"每次一声的警告声；

③ 发出警告声后，遥控器油门杆不动，将飞机断电重启。拔插电后飞机发出连续"哔哔"两声迅速将油门杆拉到最低，飞机会再次发出"哔"的一声，这时油门行程校准完毕。

2.6.4 电机的调试

飞行器的构型和飞机机头指向决定飞行器电机的运转方向，这里以"X"形四旋翼无人机为例来说明电机调试过程。如图2-62所示为"X"形四旋翼无人机上的电机旋转方向示意图。图中1、2、3、4为电机序号，也是接到飞控OUTPUT的通道号。

电机1与电机2是逆时针旋转，电机3与电机4是顺时针旋转。在电调与电机接线的时候，三条线是随机的，电机的旋转方向取决于这三条线的接线顺序。现在先预测电机的旋转方向。

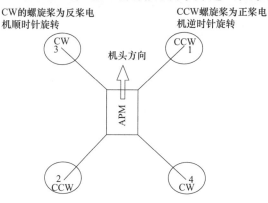

图2-62 电机旋转方向

图2-63 观察转向

由于安全问题，电机没有安装螺旋桨，观察电机的转向有一定困难，在电机轴上粘上电工胶布，能更好地观察到电机的旋转方向，如图2-63所示。

打开遥控器电源，给飞行器接上电源线，然后解锁。轻轻地推动遥控器的油门杆，让电机旋转起来，观察电机的旋转方向是否正确，记下旋转方向有错的电机序号。

断开飞行器电源，找到旋转方向有错的电机，任意对调与电调连接三个香蕉头中的两个，调整电机转向，然后再次连接上去。全部处理好旋转方向出错的电机后，接上飞行器电源，重新检查一次四个电机的旋转方向是否正确。

2.6.5 故障保护设置

故障保护是当飞行受到干扰、电量过低或者遥控器、地面站的连接断开时，飞控对无人机进行保护的一项措施。

低电量：设置需要激发电池故障保护的电压。锂电池的标称电压是3.7V，当电压低于3.7V时电压下降特别快。如电芯在3.6V时候激发电池故障保护，3S的电池是3×3.6V=10.8V。如电芯在3.5V时候激发电池故障保护，3S的电池是3×3.5V=10.5V。低于这个设置的电压超过10s就会激发电池故障保护。这里使用6S锂电池，设置为22.2V。

电台：这里电台其实是油门触发器PWM，将鼠标放在下拉三角上就能够显示，PWM就是油门保护的阈值。当遥控器油门低于这个值便触发故障保护，油门的最低值为1018，这里的PWM值要比最低值低才不会错误触发，所以设置为1008，设置完毕后，把"Disabled"改为"RTL（返航）"。

地面站故障保护：如果使用地面站通过数传来控制飞行器，在地面站软件发生故障或者电脑死机的时候，地面站与飞行器失去联系超过5s后激发地面站故障保护，这里将地面站保护勾选。这样就全部设置完毕了，如图2-64所示。

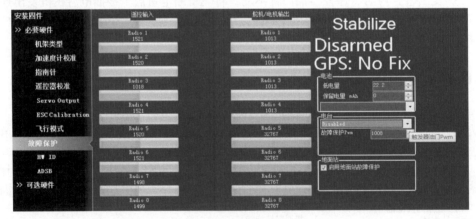

图2-64 故障保护设置界面

 【任务实施】

技能训练任务：调试多旋翼无人机遥控器

1. 训练目的

通过多旋翼无人机遥控器调试练习，掌握多旋翼无人机遥控器的调试方法和技巧，能够独立地选择和安装多旋翼无人机地面站软件，能够独立地使用地面站软件以及工具材料完成多旋翼无人机遥控器的调试，培养多旋翼无人机遥控器的调试技能。

2. 训练内容

工作任务单

任务名称	调试多旋翼无人机遥控器		
工具/零部件/材料			
类别	名称	单位	数量
设备	笔记本电脑	台	1
	多旋翼无人机	台	1
零部件	电机	个	4
	电调	个	4
	飞控供电模块	个	1
	电池	块	1
	GPS	个	1
	APM或Pixhawk 飞控	个	1
	安全开关	个	1
	蜂鸣器	个	1
	电流计	个	1
	遥控器	个	1
材料	魔术贴扎带	对	1
	数据传输线	条	1
	3M胶	片	1
	尼龙扎带	条	25

1.工作任务

调试多旋翼无人机遥控器

2.工作准备

(1)清理零件,将装配部件都放在工作台上

(2)检查装配工具和材料

3.工作步骤

(1)遥控器调试

①连接编码器、接收机、飞控

②设置遥控器通道开关

③遥控器校准

④飞行模式设置和通道7、通道8功能设置

(2)电调校准

油门行程校准

(3)电机校准

电机转向校准:

CW的螺旋桨为反桨电机顺时针旋转　机头方向　CCW螺旋桨为正桨电机逆时针旋转

(4)故障保护

①低电量保护

②失控返航

4.结束工作

(1)清点工具和设备

(2)清扫现场

【巩固练习】

1. 多旋翼无人机遥控器最少需要几通道？为什么？
2. 简述多旋翼飞控设置故障保护的原因。

笔记

任务2.7　调试多旋翼无人机飞控PID

 【任务描述】

通过多旋翼无人机飞控系统PID参数调试练习，掌握多旋翼无人机的飞控系统PID参数的调试，能够独立地选择和安装多旋翼无人机飞控调试软件，能够独立地使用地面站软件完成多旋翼无人机飞控系统PID参数的调试，培养多旋翼无人机飞控系统PID参数的调试技能。

 【相关知识】

📝 笔记

2.7.1　多旋翼无人机配件清单

四轴碳纤维多旋翼无人机是一种常用的飞行训练无人机，这里以轴距为450mm多旋翼无人机（简称UAV-004）为例，介绍多旋翼无人机的飞控PID自动调参与手动调参，其配件清单如表2-9所示，工具清单如表2-10所示。

表2-9　UAV-004材料清单

<---材料信息--->			
部位	规格型号	名称	数量
机体系统	轴距是450mm(碳纤维材料)	机臂	4个
	带有PCB(玻纤维材料)	中心板	1个
	电源分线板	电源分线板	1个
	脚架三通	脚架三通	2个
	脚架角度调制板	脚架角度调制板	4个
	电机固定底座	电机固定底座	4个
	脚架防滑套	脚架防滑套	4个
	碳纤维管管夹	碳纤维管管夹	4个
	碳纤维电池固定板	碳纤维电池固定板	1个
	电池固定板连杆	电池固定板连杆	4个
	24个M2.5×6、16个M3×8	机架螺栓	40个
	高度是19cm/22cm	碳纤维脚架	各2个
动力系统	朗宇A2212 KV980	电机	4个
	1055正反桨2对	螺旋桨	4只
	好盈乐天20无刷	电调	4个
	APM2.8 带电压电流计	飞控供电模块	1个
	3S2600mA·h 25CXT60接口	电池	1块
飞控系统	USB数据线	数据传输线	1条
	GPS	GPS	1个
	APM或Pixhawk飞控	飞控	1个
	安全开关		1个
	蜂鸣器		1个
	电流计		1个

续表

部位	规格型号	名称	数量
遥控系统	天地飞9遥控器	遥控器,接收机	1套
其他配件	香蕉公头	香蕉公头	12个
	香蕉母头	香蕉母头	12个
	XT60型口公头	电源主线	1条
	直径5mm	热缩管	1m
	直径10mm	热缩管	0.5m
	2cm宽,20~30cm长	魔术贴扎带	1对
	宽3mm、长度80~100mm	尼龙扎带	25条

表2-10 UAV-004工具清单

<---工具/设备信息--->		
型号/件号	名称	数量
笔记本电脑	电脑	1台
120W防静电	电烙铁	1个
焊锡丝	焊锡丝	1卷
松香	助焊剂	1盒
老虎钳	老虎钳	1个
剪刀	剪刀	1把
直尺	直尺	1把
记号笔	记号笔	1支
绝缘防水胶带	绝缘防水胶带	1卷
剥线钳	剥线钳	1把
内六角螺丝刀	内六角螺丝刀	1套
3M胶	3M胶	1袋
水平尺	水平尺	2个

2.7.2 PID调参

PID控制是一个在工业控制应用中常见的反馈回路控制算法,由比例单元(proportion)、积分单元(integration)、微分单元(differentiation)组成。

PID的基础是P比例控制(幅度);I积分控制可以消除稳态误差(强度),D微分控制可以加快惯性系统响应速度以及减弱超调趋势(频率)。

2.7.3 自动调参

自动调参是让飞控系统自动配置PID参数。首先让无人机飞行在一定的高度自行在横滚方向和俯仰方向做重复偏摆动作,同时进行自我检测响应速度、自稳的力度和速度等。然后自行进行PID调参,直到达到一个比较好的状态。但是调试过程中会受到各种外界因素的影响,有时调完之后不是一个理想状态,需要进行多次自动调参,通常经过几次调参后效果会比较理想。

(1) 自动调参前准备

① 在飞行模式中,设置一个GPS定高(Alt Hold)模式、一个自稳(Stabilize)模式。

② 进入配置/调试→扩展调参将通道8(CH8)开关设置为"自动调参(Auto Tune)",

笔记

单击保存设置，保存后刷新参数，查看是否设置成功。在前面的设置中已经按照自动调参要求将飞行模式和通道8的功能设置好。详情可以参考任务2.6。

③ 打开自动调参的日志，以方便调参后对结果的检查。打开主菜单"配置/调试"的"标准参数"。搜索"LOG_BITMASK"，其中的"IMU"一定要勾上，再点"写入参数"，如图2-65所示。

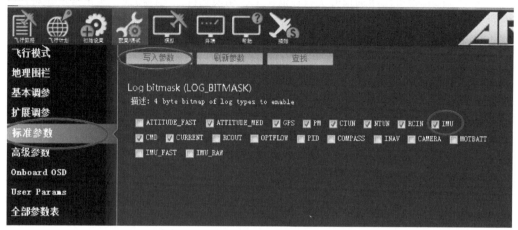

图2-65 开启IMU功能窗口

④ 飞行器飞行状态正常，除自动调参外，飞行器的调整基本完成，是一台正常的飞行器，千万不要在一台安装不完整的飞行器上自动调参。

⑤ 飞行器的飞行模式要设置成GPS定高模式，并且定高状态下飞行是正常的，高度能保持基本的稳定。

⑥ 飞行器的机臂刚性要好，不容易变形，韧性较好的机臂自动调参失败概率高。

⑦ 自动调参需要5~7min，自动调参的时候电池要充满电，满足10min以上的飞行时间。

⑧ 记住自动调参前的数值，方便调参后对比。自动调参是调整自稳Roll的P、自稳Pitch的P、Roll速率和Pitch速率的PID。如图2-66所示，红色框为调参的数值。

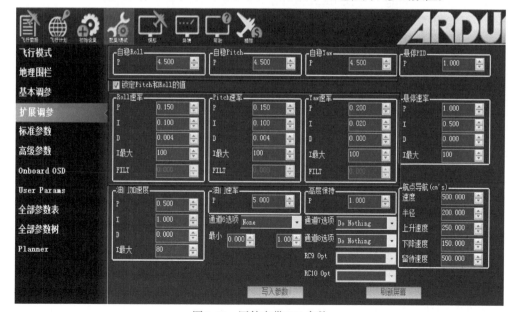

图2-66 固件自带PID参数

⑨ 找一个空阔的地方进行自动调参，为了让数据更加真实，最好选择有微风的天气。

⑩ 自动调参前，再次检查螺旋桨、电机、电池等所有设备是否安装稳固，跟调参无关的数传、LED灯等尽量不要开启。

（2）开始自动调参

① 把自动调参的第8通道开关打在低位上，切换到自稳飞行模式，按正常步骤对Pixhawk解锁，加油门起飞后，在大约5~10m的高度切换到GPS定高飞行模式。

② 把自动调参的第7通道开关打在高位上，Pixhawk自动调参开始。飞行器会左右前后地摇摆。如果飞行器飞行太远或者飞行到危险区域，可以用遥控器控制杆让它飞回到安全区域，回来时候飞行器用的是最初设置的PID参数。飞回来之后松开遥控器控制杆，自动调参将会继续进行。如果想中途终止自动调参，把通道8开关打到低位。

③ 整个自动调参过程要5~8min，飞行器稳定下来不再左右摇摆的时候表示自动调参完成了，拉低遥控器油门杆让飞行器降落后，立即对Pixhawk进行上锁（油门杆最低方向副翼最左），自动调参后的数据就自动保存了。如果你不想保持这次的自动调参数据，把通道8开关打到最低位再立即上锁，如图2-67所示。

④ 保存自动调参数据后，把通道8开关打到最低位，解锁后用自稳飞行模式起飞，看调整后的效果。

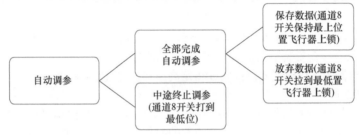

图2-67　保存参数与放弃参数方法示意图

⑤ 对比自动调参前后的数据。同时打开主菜单"配置/调试"的"扩展调参"。把通道8选项改为"Do Nothing"（不使用通道），再点"写入参数"，如图2-68所示

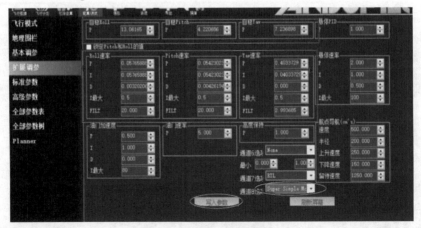

图2-68　通道8功能关闭窗口

（3）自动调参注意事项

① 选择自动调参的地方要空旷，自动调参时飞行器飞行距离过远时，手动调整时间过长，可能会自动终止调参。

② 自动调参时候如果飞行器坠毁，要立即把自动调参开关打到低位，否则就算是油门调整到最低了，电机还可能转动。

③ 如果把自动调参开关打到高位后，飞行器没反应，可以打到低位再打一次高位，重新启动自动调参。

④ 要选择人少时候进行，自动调参有一定的失控风险。

2.7.4 手动调参

Pixhawk手动调参，是在Mission Planner（地面站软件）中手动输入PID参数来达到飞行器飞行更平稳的目的。在多数情况下，自动调参，并把它作为衡量控制系统质量的依据，通过调整控制器参数得到系统衰减振荡的过渡过程。

图2-69所示的过渡过程是比较理想的，因为它第一次回复到给定值较快，以后虽然又偏离了，但是偏离不大，经过几次振荡就稳定下来了，定量地看，第一个波峰的高度是第二个波峰高度的四倍，所以这种曲线又叫作4∶1衰减曲线。在PID参数整定时，以能得到4∶1的衰减过渡过程为最好，这时的PID控制参数为最佳参数。

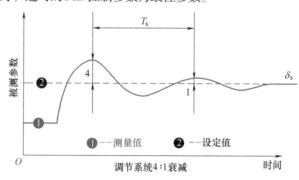

图2-69 PID调试理想曲线

"理想曲线两个波，前高后低4比1"就是指这样的曲线，也就是过渡过程振荡两次就能稳定下来，并且振荡两次后有近于4∶1的衰减比，它被认为是较好的过渡过程。

在平时进行调试时一般不推荐使用手动调参，在飞控正常飞行器飞行稳定的情况下尽量选择自动调参更为方便和准确。如果飞行器经历过炸机或者坠落，导致飞控、飞行不稳定，这种情况下建议不要使用自动调参，因为自动调参大概率会失败，此时选择手动调参更好一些。但是进行手动调参时请参考以下提示和口诀：

① P产生响应速度，P过小响应慢，过大产生振荡，P是I和D的基础。

② I消除偏差、提高精度（在有系统误差和外力作用时），同时增加了响应速度。

③ D抑制过冲和振荡，同时减慢了响应速度。

口诀：

参数整定找最佳，从小到大顺序查。

先是比例后积分，最后再把微分加。

曲线振荡很频繁，比例度盘要放大。

曲线漂浮绕大弯，比例度盘往小扳。

曲线偏离回复慢，积分时间往下降。

曲线波动周期长，积分时间再加长。

曲线振荡频率快，先把微分降下来。

【任务实施】

技能训练任务：调试多旋翼无人机飞控PID

1. 训练目的

掌握多旋翼无人机飞控调参原理，能够正确对多旋翼无人机飞控PID进行自动调参与手动调参。

 笔记

2. 训练内容

工作任务单

任务名称	调试多旋翼无人机飞控PID		
工具/零部件/材料			
类别	名称	单位	数量
设备	笔记本电脑	台	1
工具	120W 防静电电烙铁	台	1
	焊锡丝	卷	1
	松香	盒	1
	老虎钳	台	1
	剪刀	把	1
	直尺	把	1
	记号笔	支	1
	绝缘防水胶带	卷	1
	剥线钳	把	1
	内六角螺丝刀	套	1
	3M胶	片	1
	水平尺	把	2
材料	机臂	个	4
	中心板	个	1
	电源分线板	个	1
	脚架三通	个	2
	脚架角度调制板	个	4
	电机固定底座	个	4
	脚架防滑套	个	4
	碳纤维管管夹	个	4
	碳纤维电池固定板	个	1
	电池固定板连杆	个	4
	机架螺栓	个	40
	碳纤维脚架	个	2
	电机	个	4
	螺旋桨	只	4
	电调	个	4
	飞控供电模块	个	1

类别	名称	单位	数量
材料	电池	块	1
	数据传输线	条	1
	GPS	个	1
	APM或Pixhawk飞控	个	1
	安全开关	个	1
	蜂鸣器	个	1
	电流计	个	1
	遥控器	个	1
	香蕉公头	个	12
	香蕉母头	个	12
	电源主线	条	1
	热缩管	米	1
	热缩管	米	0.5
	魔术贴扎带	对	1
	尼龙扎带	条	25

📝 笔记

1.工作任务

调试多旋翼无人机飞控PID

2.工作准备

(1)清理零件,将装配部件都放在工作台上

(2)检查装配工具和材料

3.工作步骤

(1)自动调参

```
                                      ┌──────────────────┐
                                      │ 保存数据(通道8     │
                          ┌──────────▶│ 开关保持最上位置   │
                          │           │ 飞行器上锁)       │
            ┌──────────────┐          └──────────────────┘
            │ 全部完成自动调参│
┌─────────┐ └──────────────┘          ┌──────────────────┐
│ 自动调参 │◀────                       │ 放弃数据(通道8     │
└─────────┘     ─────────▶            │ 开关拉到最低位置   │
            ┌──────────────────┐      │ 飞行器上锁)       │
            │ 中途终止调参(通     │      └──────────────────┘
            │ 道8开关打到最低    │
            │ 位)              │
            └──────────────────┘
```

(2)手动调参

参数整定找最佳,从小到大顺序查。

先是比例后积分,最后再把微分加。

曲线振荡很频繁,比例度盘要放大。

曲线漂浮绕大弯,比例度盘往小扳。

曲线偏离回复慢,积分时间往下降。

曲线波动周期长,积分时间再加长。

曲线振荡频率快,先把微分降下来。

(3)安全试飞

4.结束工作

(1)清点工具和设备

(2)清扫现场

【巩固练习】

1. 多旋翼无人机飞控PID是指什么？在调整中起到什么作用？
2. 简述多旋翼手动调参PID流程。

笔记

[课程思政]

　　阅读以下教学案例，结合本任务所学习的专业知识和技能，从社会主义核心价值观、民族精神、创新思维等方面，按照"三全育人"的要求，分析案例中所蕴含的社会责任感、民族自信以及创新思维等思政元素。

案例

📑笔记

　　大疆无人机

　　深圳市大疆创新科技有限公司以创新为剑，开疆拓土，在不到10年的时间建立了一支优秀的研发团队，推出了十一款机型，销售收入增长100多倍，成为了全球领先的无人飞行器控制系统及无人机解决方案的研发和生产商，缔造了一个个传奇。大疆以梦想为原动力，始终以最尖端的科技、性能最佳的产品，带领产业革命，极致探索未来的无限可能。深圳市大疆创新科技有限公司，客户遍布全球100多个国家。通过互联网+技术创新，成为全球民用无人机领域的领军者。

项目 **3**
固定翼无人机装配与调试

 【学习目标】

知识目标

1. 熟悉固定翼无人机的组成及功用；

2. 掌握固定翼无人机的装配方法和流程；

3. 掌握固定翼无人机的调试方法和步骤。

能力目标

1. 能够识别固定翼无人机的组成部件；

2. 能够独立地装配固定翼无人机；

3. 能够对固定翼无人机进行调试。

素质目标

1. 具有耐心细致、精益求精的工作态度，养成科学务实的工作作风；

2. 具有工作规范意识，养成良好的职业行为习惯；

3. 树立航空产品质量第一的意识，培养安全文明生产的职业素养。

任务3.1　认识固定翼无人机

固定翼无人
机的组成

 【任务描述】

　　固定翼无人机是目前无人机领域应用较为广泛的一种飞行器。对于无人机从业人员来说，认识固定翼无人机是十分必要的。了解固定翼无人机的结构组成及各组成部件的功能，才能够正确地识别固定翼无人机，从而为后面学习固定翼无人机的装配与调试打下坚实的基础。本任务主要介绍固定翼无人机的基本组成、各组成部件的功用，固定翼无人机组装流程及配件清单。

 【相关知识】

3.1.1　基本组成及各部件功用

　　固定翼无人机大多数都由机翼、机身、尾翼、起落装置（起落架）和动力装置五个主要部分组成，固定翼无人机结构组成如图3-1所示。

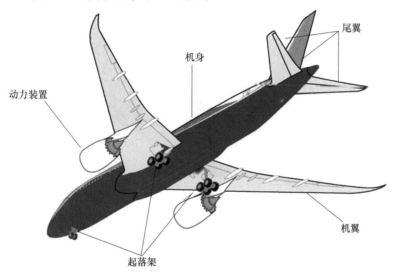

图3-1　固定翼无人机基本组成

　　（1）机翼

　　机翼是无人机在飞行时产生升力的装置，并能保持无人机飞行时的横侧安定。机翼的结构元件主要包括翼梁、前纵墙、后纵墙、普通翼肋、加强翼肋、对接接头、蒙皮、桁条，如图3-2所示。

　　（2）机身

　　机身的主要功用是装载乘员、武器、货物和各种设备，将固定翼无人机的其他部件连接成一个整体。机身的骨架有沿机体纵轴方向的桁梁、桁条和沿横轴方向的隔框，如图3-3所示。

　　（3）尾翼

　　尾翼包括水平尾翼和垂直尾翼，如图3-4所示。水平尾翼由固定的水平安定面和可动的升降舵组成，有的高速固定翼无人机将水平安定面和升降舵合为一体成为全动平尾。垂直尾翼包括固定的垂直安定面和可动的方向舵。尾翼的作用是操纵固定翼无人机俯仰和偏转，保证固定翼无人机能平稳飞行。

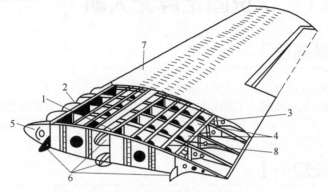

图 3-2　机翼的典型结构元件

1—翼梁；2—前纵墙；3—后纵墙；4—普通翼肋；5—加强翼肋；6—对接接头；7—蒙皮；8—桁条

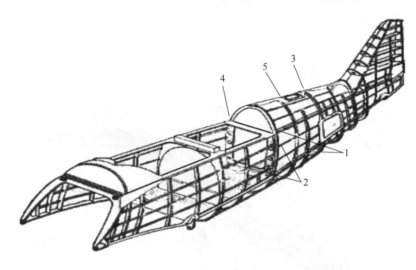

图 3-3　桁梁式机身

1—桁梁；2—桁条；3—蒙皮；4—加强隔框；5—普通隔框

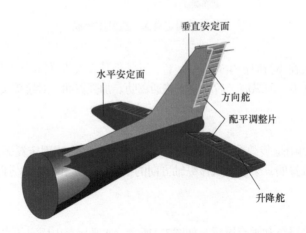

图 3-4　典型的尾翼结构

（4）起落装置

固定翼无人机的起落架大都由减震支柱和机轮组成，作用是起飞、着陆、滑跑、停放。固定翼无人机起落架的结构形式，可分为构架式、支柱套筒式和摇臂式三类。构架式起落架如图3-5所示。

（5）动力装置

动力装置是指为固定翼无人机飞行提供动力的整个系统，包括发动机、螺旋桨及其他附件，而其中最主要的部分是发动机。发动机的构造复杂，自成系统，独立于机体，是固定翼无人机的核心部件。

动力装置主要用来产生拉力和推力，使固定翼无人机前进。固定翼无人机常用的发动机有活塞式发动机和喷气式发动机。如图3-6所示的发动机为活塞式发动机。

📝笔记

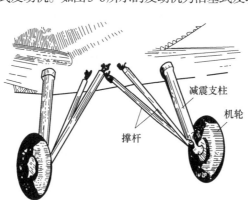

图3-5　构架式起落架

图3-6　活塞式发动机

固定翼无人机上除了这五个主要部分外，根据固定翼无人机操作和执行任务的需要，还装有各种仪表、通信设备、领航设备、安全设备等其他设备。

3.1.2　固定翼无人机组装流程

固定翼无人机整个组装流程如图3-7所示。

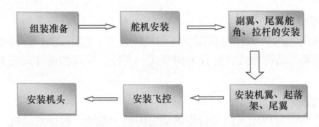

图3-7　固定翼无人机组装流程

3.1.3　固定翼无人机配件清单

欧兰斯固定翼无人机是一种常用的飞行训练无人机，这里以欧兰斯固定翼无人机为例，介绍固定翼无人机的装配过程，其配件清单如表3-1所示。

表3-1　欧兰斯无人机配件清单

部位	零部件		数量
机体系统	欧兰斯机身	机翼	2
机体系统	欧兰斯机身	尾翼	1
		起落架	1
		飞机尾轮	1
		机头	1
机体系统	副翼舵机		2
	尾翼舵机		2
	副翼舵角		2
	副翼拉杆		2
	尾翼舵角		2
	尾翼拉杆		2
飞控系统	GPS		1
	Pixhawk飞控		1
	接收机	9通道	1
	蜂鸣机		1
	电源管理模块		
动力系统	电动机	980kV	1
	电子调速计	30A	1
	螺旋桨（正反）	5040	1
	电池	16500(1200mAh)	1
遥控系统	遥控器	AT96	1

【任务实施】

技能训练任务：认识固定翼无人机

1. 训练目的

通过认识固定翼无人机各组成部件，掌握固定翼无人机的结构组成及各部件的功能，能够独立地识别固定翼无人机各部件名称及功用，为后续固定翼无人机的装配工作打下基础。

2. 训练内容

工作任务单

任务名称	认识固定翼无人机各组成部件		
工具/设备/材料			
类别	名称	单位	数量
设备	固定翼无人机	架	1
1.工作任务			
认识固定翼无人机各组成部件			
2.工作准备			
准备好固定翼无人机			
3.工作步骤			
(1)在固定翼无人机上指出机身部位			
(2)在固定翼无人机上指出起落架部位			
(3)在固定翼无人机上指出动力装置部位和类型			
(4)在固定翼无人机上指出机翼部位			
(5)在固定翼无人机上指出舵机部位并说出功用			
(6)在固定翼无人机上指出电调部位并说出功用			
(7)在固定翼无人机上指出电机部位并说出功用			
(8)在固定翼无人机上指出飞控系统部位并说出功用			
(9)在固定翼无人机上指出接收机部位并说出功用			
(10)在固定翼无人机上指出GPS模块部位并说出功用			
4.结束工作			
(1)清点工具和设备			
(2)清扫现场			

📝笔记

【巩固练习】

1. 简述固定翼无人机的结构组成及各部件的功用。
2. 简述固定翼无人机的装配流程。

任务3.2 装配固定翼无人机机体

【任务描述】

机体是固定翼无人机的重要组成部分，了解固定翼无人机机体的装配方法和装配流程，才能掌握固定翼无人机机体正确的装配方法，为后续的固定翼无人机的动力系统及飞控系统的装配打下基础。本任务主要介绍机体的内部结构组成、机体的装配方法和装配步骤。

 笔记

【相关知识】

3.2.1 装配准备

将所需要的无人机材料，所需工具与零件找齐，整理好，以免装配时找不到零件或者工具。所需零件有固定翼无人机机架、机翼、机身、舵机、舵机固件、舵角、螺丝刀、胶水以及飞控，如图3-8所示。

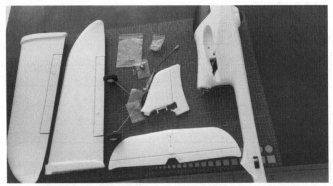

图3-8 欧兰斯无人机装配配件

3.2.2 机体组装

(1) 舵机安装

舵机是一种有轴的小传动装置。这个轴能够通过向舵机输入信号而改变角度位置。只要这个信号存在于信号输入线上，舵机就能够保持当前角度位置不变。一旦信号改变，角度位置也将跟着改变。舵机用于控制无人机升降舵、方向舵以及汽油机油门等的位置。 一个舵机的组件包括控制电路、电机、一组齿轮以及舵机外壳。另外还有三根连接到外部的线，一根为电源线，一根为地线，另外一根白色线为信号线。在接线时，一定要注意白线（信号线）朝上，否则舵机将无法工作，甚至导致舵机烧毁。接插舵机和插拔舵机时必须拉拽舵机线上的塑料插头，以免损坏导线。舵机线不能拉拽过紧，不然有可能会造成舵机振动脱离。预留舵机口、装上舵机、用热熔胶枪使舵机固定、待胶干即可，如图3-9所示。

将舵角连接在舵机处、注意舵角在和舵机连接时舵机一定要让接口回到正中心处，连接舵角时一定要垂直安装。之后将拉杆装在舵角上并连接在副翼与尾翼上。舵角一定要扣上卡扣，如图3-10所示。

图3-9　舵机安装

图3-10　舵角安装

拉杆装配，如图3-11、图3-12所示，舵机固件一定要垂直在机翼或者尾翼上，拉杆安装不当会对固定翼无人机飞行造成影响。

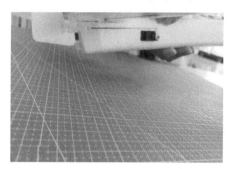

图3-11　尾翼拉杆安装

图3-12　副翼拉杆安装

（2）安装机翼

在装配机翼的部件时要调整到正确位置，然后检查对接孔的同轴度要求，并检查合面之间的间隙、连接孔的孔径。一切符合条件后开始装配。大部分无人机的翼展都较大，不便运输，故大部分无人机都将机翼分开成左右两部分，分开装配在机身上，组成整个无人机。机翼是无人机的主要气动结构，如安装不当可能会让无人机性能降低，无人机动力不足或者直接造成无人机炸毁。无人机机翼与机身以连接杆相连接，它不但起到连接两边机翼的功能，又起到加强机翼和机身的稳定的作用，机翼载荷承受弯矩较大的部位在翼根处。将机翼安装在机身上，将木条插入事先打好的孔上，然后再将机翼上预留的合页孔与木条对接、确认固定后，再用泡沫胶粘贴好，等待固定，如图3-13所示。拆卸不要利用暴力，副翼上有一合扣，拆卸时摁住箭头所指方向即可拆卸机翼。

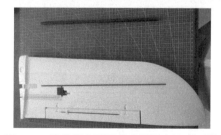

图3-13　将机翼上预留的合页孔与木条对接

图3-14　连接舵机线

将机身与机翼上的舵机线连接上，如图3-14所示。

将机翼对插，拼接机翼如图3-15所示。

（3）安装尾翼

尾翼部件如图3-16所示。

图3-15　拼接机翼

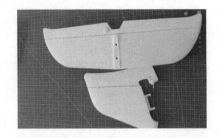

图3-16　尾翼部件

笔记

　　检查尾翼的安装角度。粘接尾翼之前，先将尾翼插进机身槽口，仔细检查尾翼的安装角度是否准确，从俯视的角度检查水平尾翼是否左右对称，从后视的角度检查垂直尾翼是否垂直于机身和水平尾翼，如图3-17所示。

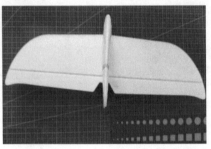

图3-17　检查尾翼的安装角度

（4）安装起落架

　　机身下事先留有一个凹槽，用来卡住起落架，再用胶水固定住，尾翼处有一处放置尾翼轮，将尾翼轮固定住如图3-18所示。

　　安装机头起落架如图3-19所示。

图3-18　安装尾轮

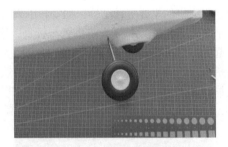

图3-19　安装机头起落架

【任务实施】

技能训练任务：装配固定翼无人机机体

1. 训练目的

　　通过固定翼无人机机体的装配训练，掌握固定翼无人机机体的装配方法和装配流程，能够独立地完成固定翼无人机机体的装配，培养固定翼无人机机体的装配技能，为后续固定翼无人机动力系统以及飞控系统的装配工作打下坚实的基础。

2. 训练内容

工作任务单

任务名称	装配固定翼无人机机体		
工具/零部件/材料			
类别	名称	单位	数量
工具	钳子	把	1
	螺丝刀	把	1
零部件	机身	个	1
	机翼	个	2
	尾翼	个	1
	起落架	个	1
	副翼舵机	个	2
	尾翼舵机	个	2
	副翼舵角	个	2
	副翼拉杆	个	2
	尾翼舵角	个	2
材料	胶水	瓶	1
	螺栓	个	若干
	螺母	个	若干

1.工作任务

装配固定翼无人机机体

2.工作准备

(1)清理零件,将装配部件都放在工作台上

(2)检查装配工具和材料

3.工作步骤

(1)安装舵机

预留舵机口,装上舵机,用热熔胶枪使舵机固定,待胶干即可

(2)舵角安装

将舵角连接在舵机处,注意舵角在和舵机连接时,舵机一定要让接口回到正中心处,连接舵角时一定要垂直安装

(3)检查舵机接线

确认舵机接线是否正确,确认飞控与遥控对应的通道(升降、副翼、电调、方向)是否正确

(4)机翼安装

将木条插入事先打好的孔上,然后再将机翼上预留的合页孔与木条对接,确认固定后,再用泡沫胶粘贴好,等待固定

(5)尾翼安装

检查尾翼的安装角度。粘接尾翼之前,先将尾翼插进机身槽口,仔细检查尾翼的安装角度是否准确

(6)安装起落架与尾翼尾轮

机身下事先留有一个凹槽,用来卡住起落架,再用胶水固定住,尾翼处有一处放置尾翼轮

4.结束工作

(1)清点工具和设备

(2)清扫现场

笔记

【巩固练习】

1. 固定翼无人机机体是由哪些部件组成的？各有什么功用？
2. 简述固定翼无人机机体的装配流程。

笔记

任务3.3　装配固定翼无人机动力系统

【任务描述】

动力系统是固定翼无人机的"心脏"，了解固定翼无人机动力系统的装配方法和装配流程，才能掌握固定翼无人机动力系统各个组成部件正确的装配方法，为后续的固定翼无人机的调试打下基础。本任务主要介绍固定翼无人机的舵机、电机、电调、接收机、飞控系统等设备的装配方法和装配步骤。

笔记

【相关知识】

3.3.1　固定翼无人机动力系统组成

欧兰斯固定翼无人机动力系统主要由电池、电调、电机、螺旋桨等组成。

（1）电调

无人机的电调主要是采用无刷电调，电调主要用于控制电机的速度，如图3-20所示。

图3-20　无刷电调

（2）电机

无人机的电机主要是采用无刷电机，如图3-21所示。无人机电机一端固定在电机基座上，另一端固定在螺旋桨上，主要是给螺旋桨提供推力。

图3-21　无刷电机

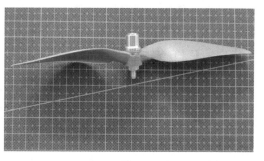

图3-22　螺旋桨

（3）螺旋桨

螺旋桨连接在电机轴上，为无人机提供推力或升力，如图3-22所示。

3.3.2 装配固定翼无人机动力系统

（1）安装电机

机身上有一个孔是特意留来安装电机的，如图3-23所示。

笔记

将电机放进孔中，注意轴放在孔外，否则螺旋桨安装不上去，再把螺栓拧上就可以将电机安装完毕，如图3-24所示。

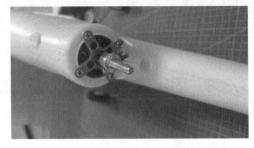

图3-23　电机安装孔　　　　　　　　图3-24　安装好的电机

（2）安装电调

将电机连线、机翼舵机线、机尾舵机线和电源线连接至电调，如图3-25所示。

（3）安装螺旋桨

机头后装有电机，将电机固件装在电机头上，放入固定件后再放上垫片，最后拧上螺旋桨，如图3-26所示。

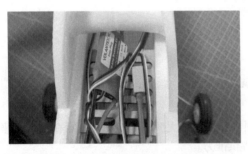

图3-25　安装好的电调　　　　　　　图3-26　安装螺旋桨

 【任务实施】

技能训练任务：装配固定翼无人机动力系统

1. 训练目的

掌握固定翼无人机动力系统的装配流程，能够识别固定翼无人机动力系统组成部件，能够正确装配固定翼无人机动力系统。

2. 训练内容

工作任务单

任务名称	装配固定翼无人机动力系统		
工具/零部件/材料			
类别	名称	单位	数量
工具	钳子	把	1
	螺丝刀	把	1
部件	电机	个	1
	电调	个	1
	螺旋桨	个	1
	起落架	个	1
材料	胶水	瓶	1
	螺栓	个	若干
	螺母	个	若干
	双面胶带	卷	若干

1. 工作任务

装配固定翼无人机动力系统

2. 工作准备

(1)清理零件,将装配部件都放在工作台上

(2)检查装配工具和材料

3. 工作步骤

(1)电机安装

将电机放进孔中,注意轴放在孔外否则会使螺旋桨安装不上去,再把螺栓拧上

(2)电调安装

将电调用双面胶带粘贴在机舱合适的位置

(3)线路连接

将电机连线、机翼舵机线、机尾舵机线和电源线连接至电调

(4)螺旋桨安装

机头后装有电机,将电机固件装在电机头上,放入固定件后再放上垫片,最后拧上螺旋桨

4. 结束工作

(1)清点工具和设备

(2)清扫现场

【巩固练习】

1. 固定翼无人机电池动力系统是由哪些部件组成的? 各有什么功用?
2. 简述固定翼无人机动力系统的装配流程。

笔记

任务 3.4　装配固定翼无人机飞控系统

【任务描述】

飞控系统是固定翼无人机的控制指挥中心，它相当于固定翼无人机的"大脑"，了解固定翼无人机飞控系统的装配方法和装配流程，才能掌握固定翼飞控系统正确的装配方法，为后续固定翼无人机飞控系统的调试打下基础。本任务主要介绍固定翼无人机接收机、飞控板、GPS模块等飞控系统部件的装配方法和装配步骤。

笔记

【相关知识】

3.4.1　Pixhawk飞控系统介绍

Pixhawk飞控的所有硬件都是透明的，所有的总线和外设都进行引出，不但以后可以兼容一些其他外设，而且为有开发能力的用户提供了方便。Pixhawk飞控是一个双处理器的飞行控制器，一个擅长于强大运算的 32bit STM32F427 CortexM4 核心 168MHz/256KBRAM/2MBFlash 处理器，还有一个主要定位于工业用途的协处理器 32bit STM32F103，它的特点就是安全稳定。Pixhawk飞控端口和技术参数，如图3-27所示。

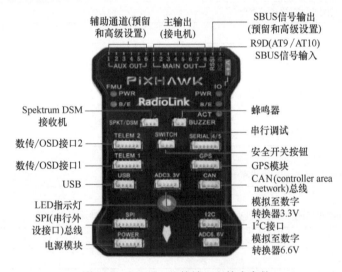

图 3-27　Pixhawk飞控端口和技术参数

3.4.2　装配接收机

先用泡沫塑料将接收机包好，放在舵机前面不受压、不受挤的地方，然后固定在机身上。天线是接收机最重要的地方，如果天线破损，接收机会失效，所以必须保证接收机天线不受损坏。可以在引出处10cm的地方绑上一段橡筋条，橡筋条的另一端固定在机身上。天线的其余部分放在机身内或机身外都可以，不能打圈，尽量拉直。接收机接线如图3-28所示。

图3-28 接收机接线

3.4.3 装配飞控

接线将Pixhawk飞控与无人机内的控制通道按照1——副翼、2——升降、3——电调、4——方向连接。接收机连接在SBUS模式通道上。蜂鸣器连接在SWITCH通道上，如图3-29所示。

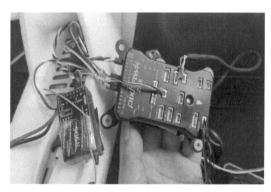

图3-29 飞控与接收机之间的连接

3.4.4 装配GPS

把GPS接到GPS通道。将电源模块接到POWER上，如图3-30所示。

图3-30 飞控与GPS之间的连接

3.4.5 装配机头

将装好的飞控放入机头中，然后将机头合上，如图3-31所示。

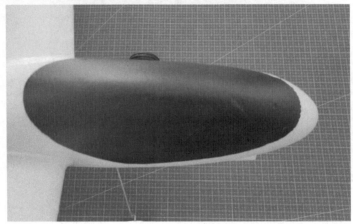

图3-31 合上机头

3.4.6 装配完成

组装完成的固定翼无人机还需要进行调试才能开始正式飞行，整机装配完成如图3-32所示。

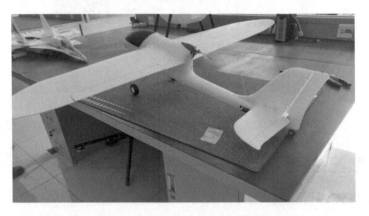

图3-32 装配完毕的固定翼无人机

 【任务实施】

技能训练任务：装配固定翼无人机飞控系统

1. 训练目的

熟悉Pixhawk飞控端口功能，能够正确装配Pixhawk飞控系统，能够正确连接飞控系统周边电路。

098

2. 训练内容

工作任务单

任务名称	装配固定翼无人机飞控系统		
工具/零部件/材料			
类别	名称	单位	数量
工具	钳子	把	1
	螺丝刀	把	1
零部件	GPS 模块	个	1
	电源管理模块	个	1
	Pixhawk 飞控	个	1
	接收机	个	1
材料	胶水	瓶	1
	螺栓	个	若干
	螺母	个	若干
1.工作任务			
装配固定翼无人机飞控系统			
2.工作准备			
(1)清理零件,将装配部件都放在工作台上			
(2)检查装配工具和材料			
3.工作步骤			

(1)安装接收机

先用泡沫塑料将接收机包好,放在舵机前面不受压、不受挤的地方。然后固定在机身上。天线是接收机最重要的地方,如果天线破损接收机会失效,所以必须保证接收机天线不受损坏。可以在引出处10cm的地方绑上一段橡筋条,橡筋条的另一端固定在机身上

(2)安装飞控

接线将 PIX 飞控与飞机内的控制通道按照 1——副翼、2——升降、3——电调、4——方向连接。接收机连接在 SBUS 模式通道上。蜂鸣器连接在 SWITCH 通道上

(3)安装 GPS

把 GPS 接到 GPS 通道,将电源模块接到 POWER 上

4.结束工作
(1)清点工具和设备
(2)清扫现场

📖 【巩固练习】

1. 简述 Pixhawk 飞控系统端口和技术参数。
2. 简述 Pixhawk 飞控系统的装配流程。

笔记

任务3.5 调试固定翼无人机动力系统

【任务描述】

动力系统是固定翼无人机的重要组成部分，它相当于固定翼无人机的"心脏"，固定翼无人机动力系统可分为电池动力系统和燃油动力系统。了解固定翼无人机动力的调试方法和流程，才能掌握固定翼无人机动力系统正确的调试方法，为后续固定翼无人机飞控系统的调试打下基础。本任务主要介绍固定翼无人机电池动力系统和固定翼无人机燃油动力系统等动力系统部件的调试方法和步骤。

笔记

【相关知识】

3.5.1 调试电池动力系统

电池动力系统主要由电池、电调、电机和螺旋桨四个部分组成，电池动力系统的调试主要是电调部件的调试。

多数电调使用"一次性"校准便可工作良好，因此首先尝试"一次性"校准，如果失败了再尝试"手动逐个"校准方法。

（1）一次性校准

安全检查：在校准电调之前，请确保飞行器上没有安装螺旋桨，APM没有通过USB连接到电脑，锂电池也没有连接。

打开发射机，并将油门摇杆置于最大，如图3-33所示。

连接锂电池，如图3-34所示。APM上的红、蓝、黄LED灯会以循环模式亮起。这说明APM已准备好在下一次再连接时进入电调校准模式。

图3-33 打开发射机且油门打到最大

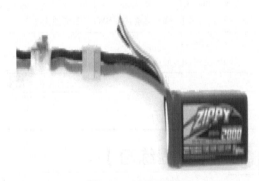

图3-34 连接锂电池

油门依然保持最大，断开然后重新连接锂电池。APM现在进入了电调校准模式，并让油门通过它直达电调，PX4用户另外需要按下安全按钮。

等待电调发出音乐声，"哔"音数量通常表明电池芯数（即3S为3声，4S为4声），接下来另外两个"哔"音表示最大油门已被捕获。把发射机油门拉到最小。

电调接下来会发出长音表示最小油门已被捕获，校准已完成。电调现在是"激活的"，如果把油门升高它们会转起来。不过APM仍在电调校准模式。将它复原为常用的飞行模式，把油门放低然后断开并重新连接电池。

（2）逐个校准

将电调的3P线连接到遥控接收机的油门通道（通常为通道3）。打开发射机，然后将油门摇杆置于最大（全满）。

连接电池：会听到一段音乐声而后有两个"哔"音。在两个"哔"音之后，将油门摇杆放低至最低，如图3-35所示。然后会听到几声"哔"音（每一声代表你所使用的电池的一芯），随后一个长"哔"声表示终点已被设定而且电调已校准。断开电池，在所有电调上重复这些步骤。

图3-35　油门打到最小

如果出现电调不能校准，说明发射机上的油门通道可能需要反向。如果在尝试了这些方法之后仍遇到问题，尝试调低油门微调50%，另外可以尝试在插上锂电池之前先通过USB给你的APM板供电启动它。

测试：在已经校准了电调之后，可以插上电池测试它们。记住：此处不要螺旋桨。确定发射机的飞行模式已切换为"自稳（Stabilize）模式"，解锁飞行器，给一个小量的油门。所有电机应该以大致同样的速度旋转，并且它们也应该在同一时间起转。如果电机没有在相同的时间起转，旋转也不在同一速度，那么说明电调仍没有正确校准。

注意：如果校准之后，电机不在同一速度旋转也不在同一时间开始旋转，重复校准过程。如果尝试自动校准后，不起作用，或是电调驱动电机不一致，尝试上述手动校准方法。这个方法几乎每次都好用。

3.5.2　调试燃油动力系统

燃油动力系统的调试主要是发动机调试。固定翼无人机发动机主要有甲醇机和汽油机2种。因此在这里主要介绍一下甲醇机的调试和汽油机的调试。

（1）甲醇机调校

发动机的调校是发动机使用者重要的技术之一。别小看小小的一支油针（如图3-36所示），它关系着发动机的动力表现与使用寿命。发动机调整得当，才能保障低速稳定、高速凌厉，发挥发动机最佳动力。

主油针：又称高速油针，控制发动机中、高速运转时的油气混合比，如图3-37所示。

图3-36　油针

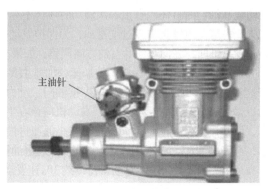

主油针

图3-37　主油针位置

副油针：又称低速油针，控制发动机低速（怠速）运转时的油气混合比，如图3-38所示。

① 主油针的位置。发动机初次使用必须先经过磨合，使活塞与缸体壁结合紧密。启动发动机后，一边慢慢地推油，一边将主油针朝逆时针方向旋转，主油针一般在2.5圈位置比较安全，使发动机在低速运转。YS的发动机结构特殊，进油不仅仅由主油针控制，还由独立的气泵控制，主油针大到一定程度之后，油量控制会由气泵接管，不会出现严重富油的情况；相反，如果过于贫油，可能会在大风门下瞬间停车，但螺旋桨由惯性继续转动，一方面危险，另一方面会冲击或损伤发动机。

② 正常使用的热车。先发动，按照2.5圈主油针，全风门，点火使用专用启动器启动，如图3-39所示。

笔记

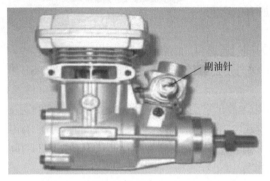

副油针

图3-38 副油针位置

图3-39 电动启动器

启动后，5s后再拔点火启动器，然后升至1/3油门30s，再1/2油门15s，这样发动机充分热车。

③ 副油针位置。在原厂设定位置微调，如果在装配过程中调整了副油针，则顺时针旋转到底再倒回360°~720°作为初始位置。

④ 怠速调整。开始启动发动机都是处于怠速状态，如果发动机启动后却频频熄火，可能有两个原因，一是化油器怠速气门太小，二是发动机怠速太过于富油。先将油门的微调往上调，让气门稍微大一点再发动看看是不是可以顺利地维持怠速。

启动后发动机怠速运转并有喘振现象，排气管甚至会喷出一些燃油，怠速太富油，这时候将副油针顺时针转紧，每次以30°为单位，直到发动机怠速运转顺畅不熄火，并且维持怠速运转约1min来暖车。

⑤ 低速调整。在发动机热车后，先调至75%油门，再收到怠速，如果转速是慢慢下降，说明收减油门时缸体内有上一次做功时燃烧不充分的燃料，则小油针富油；如果发动机直接熄火，一般是过度贫油或过度富油；为保护发动机不受损坏，在遇到无法判断是过度贫油还是过度富油时，先向小油针富油方向调整，如果出现更坏的效果，那就是富油，反之类推。

收减油门调整完了后再调整加速。加速主要看怠速到加速的反应。先高转速，然后收到怠速。怠速1~2s，然后以最快速度推油门，动力应该实时响应；接着收油门至怠速15s，然后以最快方式调整油门至75%，发动机应该在1~2s内完成加速。加速慢，则说明是富油状态，调整副油针顺时针方向旋转（减小低速进油量方向）；加速快但熄火，则说明是贫油状态，调整副油针逆时针方向旋转（增加低速进油量方向）。

⑥ 高速调整。发动发动机持续约30s让发动机热起来，拔掉电夹，慢慢地将油门全开，顺时针调整主油针判断发动机转速是否在加速，直至加速至发动机出现不连贯的声音，也就

【任务实施】

技能训练任务：调试固定翼无人机动力系统

1. 训练目的

通过固定翼无人机动力系统调试练习，掌握固定翼无人机动力系统的调试，能够独立地选择和安装固定翼无人机地面站软件，能够独立地使用地面站软件以及工具材料完成固定翼无人机电池动力系统和燃油动力系统的调试，培养固定翼无人机动力系统的调试技能。

2. 训练内容

笔记

工作任务单

任务名称	调试固定翼无人机动力系统		
工具/零部件/材料			
类别	名称	单位	数量
设备	固定翼无人机	架	1
	电脑	台	1
	活塞式发动机	台	1
零部件	电调	个	1
	遥控器	个	1
	飞控系统	个	1
	接收机	个	1
材料	锂电池	瓶	1
	USB数据线	个	1
	甲醇	桶	1
	汽油	桶	1
1.工作任务			
调试固定翼无人机动力系统			
2.工作准备			
(1)清理零件,将调试部件都放在工作台上			
(2)检查调试工具和材料			
(3)安装地面站软件并刷入固件			
3.工作步骤			
(1)无人机安全检查			
(2)电调校准			
(3)甲醇机调试			
(4)汽油机调试			
4.结束工作			
(1)清点工具和设备			
(2)清扫现场			

【巩固练习】

1. 简述电池动力系统的部件组成及各组成部件的功用。
2. 简述汽油发动机的调试方法和步骤。

笔记

固定翼无人
机飞控系统
调试

任务 3.6　调试固定翼无人机飞控系统

 【任务描述】

　　飞控系统是固定翼无人机的控制指挥中心，它是固定翼无人机的核心组成部分，了解固定翼无人机飞控系统的调试方法和流程，才能掌握固定翼无人机飞控系统正确的调试方法。本任务主要介绍固定翼无人机加速度计、罗盘、遥控器等组件的校准以及飞行模式、失控保护的设置方法和步骤。

 【相关知识】

笔记

3.6.1　调试前检查

　　（1）检查装配是否正确

　　固定翼无人机装配准确度是指无人机的几何形状、尺寸等实际值与理论值的误差，如果出现极大误差会直接影响无人机的空气动力性能，还会造成零件更换不了，影响操纵性能、结构强度和飞机寿命。

　　（2）检查装配连接是否牢靠

　　在固定翼无人机装配时，装配连接的牢靠程度会影响到无人机的可靠程度和寿命，现在的固定翼无人机装配常用的连接技术有铆接、螺栓连接、胶接和焊接。在装配固定翼无人机的部件时要调整到正确位置，然后检查对接孔的同轴度要求，并检查结合面之间的间隙、连接孔的孔径。一切符合条件才算合格。

　　（3）舵机调试检查

　　确认舵机接线是否正确，确认飞控与遥控对应的通道（升降、副翼、电调、方向）是否正确。检查舵机线是否因为拉拽造成损坏。检查舵机线是否过紧，如果过紧需要用标准的舵机线加成。确认舵机是否回中，如果舵角与连杆无法垂直时，利用飞控Mission Planner软件调整中点位置。

　　（4）检查动力装置

　　① 无刷电机是否工作顺畅；

　　② 螺旋桨是否完好；

　　③ 陀螺仪和指南针是否准确。

3.6.2　Mission Planner 地面站调试

　　（1）地面站安装

　　首先，Mission Planner的安装运行需要微软的Net Framework 4.6.2组件，官方下载地址为：net4.6.2下载链接，安装完Net Framework后开始下载Mission Planner安装程序包，最新版本的Mission Planner可以点击此处下载http://firmware.ardupilot.org/Tools/Mission-Planner/，下载页面中每个版本都提供了MSI版和ZIP版可供选择。如果是第一次安装使用，建议下载MSI版。双击下载后的MSI文件，然后一步一步点击"Next"即可，只是安装过程中弹出设备驱动程序安装向导时，点击下一步继续，否则会跳过驱动程序的安装，如图3-44所示。

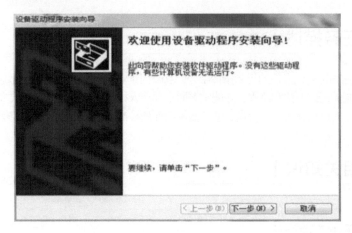

图3-44　Mission Planner地面站安装

（2）下载刷入固件

PIX 拿到手后首先要做的就是给它刷入你自己需要的固件，固件安装前先连接PIX 的USB 线到电脑，确保电脑已经识别到PIX的COM口后，打开Mission Planner（以下简称MP），在MP 主界面的右上方端口选择下拉框那里选择对应的COM口，一般正确识别的COM口都有STMicroelectronics Virtual 标识，直接选择带这个标识的COM口，然后波特率选择115200，如图3-45所示。注意：不要点击CONNECT连接按钮，固件安装过程中程序会自行连接。如果之前已经连接了PIX，那么点击Disconnect 断开连接，否则固件安装过程中会弹出错误提示。

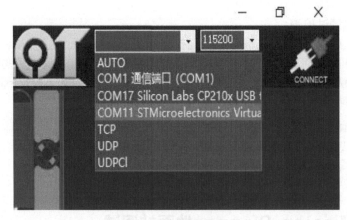

图3-45　设置波特率

接下来点击Install setup（初始设置），点击Install Firmware，如图3-46所示。

窗口右侧会自动从网络下载最新的固件并以图形化显示固件名称以及固件对应的飞机模型，在固定翼飞机模型的图片上点击，会弹出图3-47所示的提示。飞控板是Pixhawk，这里点击No。

选择ChibiOS 操作系统，点击Yes，如图3-48所示。

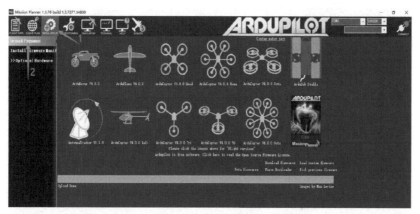

图3-46　安装固件

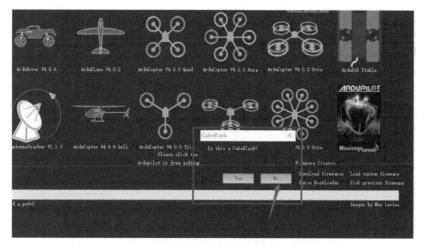

图3-47　选择固定翼飞机模型和飞控板

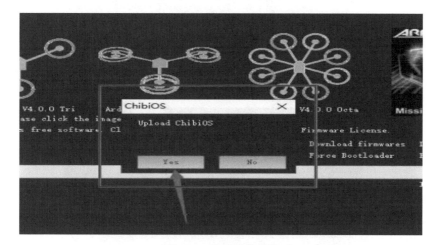

图3-48　选择操作系统

出现如图3-49所示的窗口时，代表固件安装成功。

固件安装成功后，就可以点击右上角的connect 连接按钮连接PIX，查看PIX 实时运行姿态与数据了。

笔记

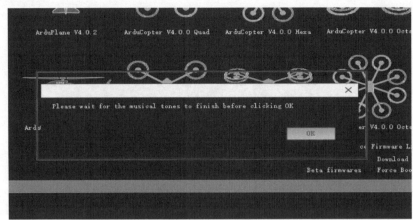

图3-49　固件安装成功

（3）校准加速度计

加速度计是用于测量当前系统中加速度数值的传感器，可以分别测量x、y、z这3个轴的加速度值，加速度计的校准对无人机的影响很大，加速度计校准得越准确，则对无人机飞控的调参更精确，飞机飞行得也更稳定。所以，当在校准加速度计时为了使无人机能够更加稳定地飞行，一定要保证加速度计校准得精确无误。在校准加速度计前应该用水平仪检测桌面或地面是否水平，检测水平后再开始校准。然后点击"必要硬件"，再选择加速度计校准，加速度计校准步骤如下：

① 飞控水平放置。将飞控水平放置在桌面上，如图3-50所示，然后点击完成即可。

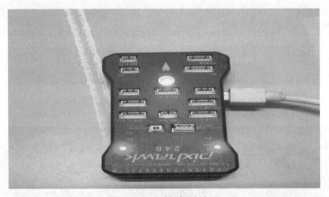

图3-50　飞控水平放置

图3-51　飞控左侧朝下

②　飞控左侧朝下。这时需要将飞控箭头所指方向的左侧为底，垂直放置于桌面，如图3-51所示，最后点击完成即可。

③　飞控右侧朝下。这个步骤与上一个步骤相反，此时要将飞控的右侧为底垂直放置于桌面上，随后点击完成，这一步骤就完成了，如图3-52所示。

④　飞控头朝下。将飞控箭头所指的方向朝下，垂直放置于桌面，然后点击完成即可，如图3-53所示。

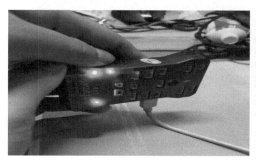
图3-52　飞控右侧朝下

图3-53　飞控头朝下

⑤　飞控头朝上。将箭头所指方向指向天空，飞控底部垂直放置于桌面，最后点击完成即可，如图3-54所示。

⑥　飞控正面朝下。将飞控正面朝下水平放置于桌面，最后点击完成即可，如图3-55所示。

图3-54　飞控头朝上

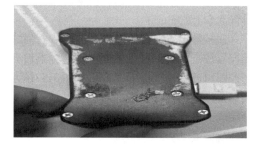
图3-55　飞控向下

（4）外置罗盘的校准

先让飞控连接地面站，点击初始设置，选择指南针进行磁罗盘校准。点击外置罗盘校准，选择好后点击现场校准。点击后会弹出一个弹窗，不勾选窗口中的使用自动确认，自动确认是在所有白点都消失后自动确认完成校准，这样校准出来的精度没有手动校准的精度高，因此在这时无须选择自动确认。在校准过程中，GPS、USB接口、飞控不能掉落。GPS的箭头要与飞控箭头保持一致，否则会使校准半途而废。校准磁罗盘时使用的方法为画8字弧法，该方法的具体操作方式为绕着GPS的每个轴依次旋转360°。务必要注意，在画8字弧时一定不能让USB线掉落。当用8字弧法将所有白点都消除后校准就基本完成了，然后点击DONE键弹出校准成功的窗口即完成校准。如图3-56所示。

（5）遥控器的相关设置及校准

遥控器在调试前需要先设置一些内容。这里使用的是乐迪AT9S遥控器。首先是对码，

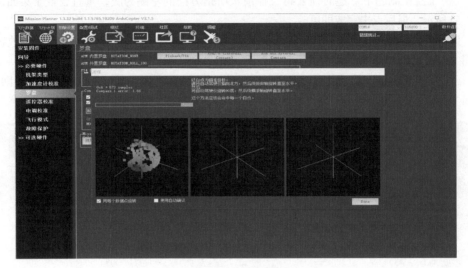

图 3-56 罗盘校准

不打开遥控器，先给飞控通电，接收机红灯常亮，长按接收机旁边的小按钮直至红灯闪烁，打开遥控等待一小会儿，红灯长亮就对码成功了。打开遥控器双击 Mode 键打到基础设置界面。点击机型选择，将机型换成固定翼无人机。然后返回，点开舵机相位，将油门正相换成反相。换好后回到基础菜单界面，单击 Mode 键进入高级菜单。用旋钮选择到升降副翼，点进去，打开升降副翼混控。再找一个三段式开关设置飞行模式——这里选择通道 C。先点开辅助通道，将第 5 通道设置为 SwC，之后就可以用拨杆 C 来调飞行模式了。这样，遥控器的设置基本上就完成了。

遥控器设置完成后开始在地面站上调试。在调参软件（MP）里点击"必要硬件"中的遥控器校准，打到校准界面。把遥控器打开，确保遥控器已经与接收机对上码。点击校准遥控即可开始遥控器的校准，如图 3-57 所示。校准过程中需要先将油门、副翼、升降、方向以及设置的各种通道的行程打到最低再打到最高，循环几次以免出现较大误差。点击校准完成，会弹出一个数据窗口，确认所有数据都无误后点击确认保存即可，这样遥控器的校准就完成了。

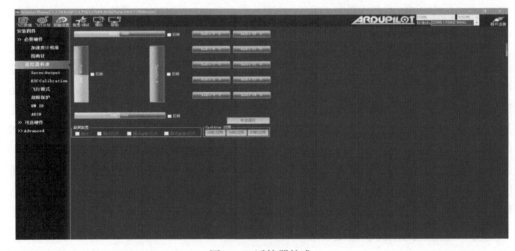

图 3-57 遥控器校准

（6）电调校准

Pixhawk电调校准相对比较简单，可分为以下几个步骤。

① 首先打开遥控器，不给飞控供电，再将油门推到最大。

② 然后给飞控通电，此时电调会捕捉到油门的最大行程量。

③ 保持遥控不变，随即拔掉电池将飞控断电，然后再次给飞控通电，紧接着按下安全开关，直至安全开关稳定点亮，至此电调的校准就完成了，如图3-58所示。

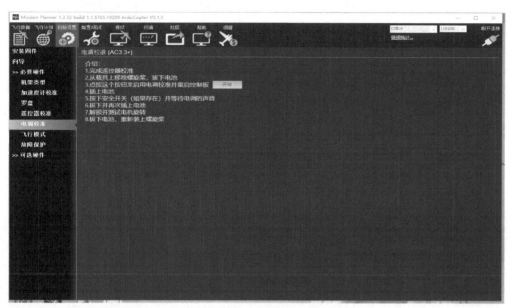

图3-58　电调校准

（7）飞行模式的设置

这里设置三个模式，需要用到一个三段式的通道开关，这个通道选择刚才设置的通道5——C通道开关。首先点击飞行模式，进入到飞行模式设置。拨动遥控器上的C通道，该通

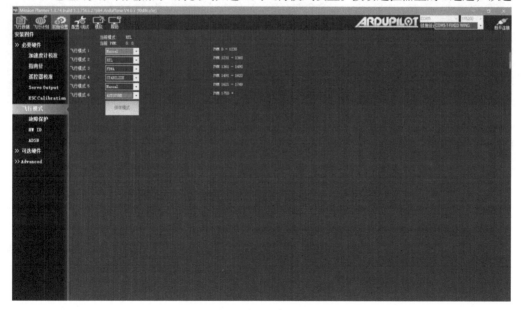

图3-59　飞行模式设置

道0挡位对应飞行模式1，1挡位对应飞行模式4，2挡位对应飞行模式6。这里我们把飞行模式1设置为Manual（手动），飞行模式4设置为Stabilize（自稳），再将飞行模式6设置为Autotune（自动调参）。其实这里也可以设置更多的模式，但这三种模式最为重要，所以只需设置这三种模式即可，如图3-59所示。

（8）失控保护设置

这里要做双保险，一个是地面站中设置失控保护，把飞行模式打到RTL，然后故障保护PWM设置为比最低油门信号低50%，勾选"油门故障保护"。然后遥控器打到其他模式，关控，看地面站或OSD的飞行模式有没有改变，关控后飞机会先进入CirCle盘旋模式几秒，然后再自动返航。第二道保险，用的是接收机自带的失控保护功能，也是一样，遥控器开机打到RTL模式，油门杆拨到40%，切糕发射、接收通电，长按切糕接收机几秒至绿灯慢闪4次，设置完成。如果断开发射机电源，飞控会直接进入RTL模式，不盘旋，而且返航时自动油门不会低于设置的40%油门。RTL返航高度设置，全参表ALT_HOLD_RTL 默认返航高度是100m，如图3-60所示。

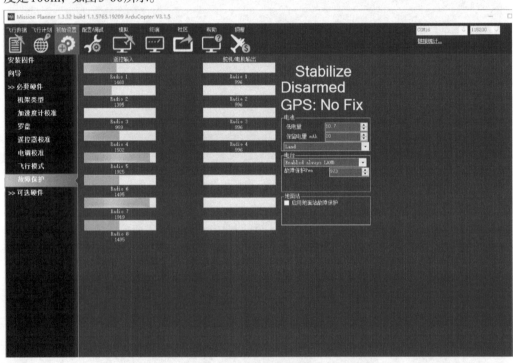

图3-60　失控保护设置

【任务实施】

技能训练任务：调试固定翼无人机飞控系统

1. 训练目的

通过固定翼无人机飞控系统调试练习，掌握固定翼无人机飞控系统的调试，能够独立地选择和安装固定翼无人机飞控调试软件，能够独立地使用地面站软件完成固定翼无人机飞控系统的调试，培养固定翼无人机飞控系统的调试技能。

2. 训练内容

工作任务单

任务名称	调试固定翼无人机飞控系统		
工具/设备/材料			
类别	名称	单位	数量
设备	遥控器	个	1
	欧兰斯固定翼无人机	架	1
	电脑	台	1
	Pixhawk飞控系统	套	1
工具	螺丝刀	把	1
材料	3S电池	组	1
	USB数据线	根	1

1.工作任务

调试固定翼无人机飞控系统

2.工作准备

(1)准备好设备,检查设备的有效性

(2)准备好工具和材料,检查工具的有效性,材料应符合标准

(3)检查遥控器电量是否充足,遥控器是否正常

(4)检查电脑和数据线是否正常

3.工作步骤

(1)安装地面站

(2)刷入固件

(3)校准加速度计

(4)校准外置罗盘

(5)校准遥控器

(6)校准电调

(7)飞行模式设置

(8)失控保护设置

4.结束工作

(1)清点工具和设备

(2)清扫现场

【巩固练习】

1. Pixhawk飞控系统调试需要调试哪些参数?
2. 简述使用MP地面站调试Pixhawk飞控系统的方法和步骤。

笔记

[课程思政]

阅读以下教学案例，结合本任务所学习的专业知识和技能，从工作作风、职业素养、创新思维等方面，按照"三全育人"的要求，分析案例中所蕴含的劳动精神、工匠精神以及创新精神等思政元素。

笔记

雕刻火药的"大国工匠"

徐立平，中国航天科技集团公司第四研究院7416厂高级技师。自1987年入厂以来，一直为导弹固体燃料发动机的火药进行微整形。在火药上动刀，稍有不慎蹭出火花，就可能引起燃烧爆炸。目前，火药整形在全世界都是一个难题，无法完全用机器代替。下刀的力道，完全要靠工人自己判断，药面精度是否合格，直接决定导弹的精准射程。0.5mm是固体发动机药面精度允许的最大误差，而经徐立平之手雕刻出的火药药面误差不超过0.2mm，堪称完美。

为了杜绝安全隐患，徐立平还自己设计发明了20多种药面整形刀具，有两种获得国家专利，一种还被单位命名为"立平刀"。由于长年一个姿势雕刻火药，以及火药中毒后遗症，徐立平的身体变得向一边倾斜，头发也掉了大半。多年来，他冒着巨大的危险雕刻火药，被人们誉为"大国工匠"。

项目 4
无人直升机装配与调试

 【学习目标】

知识目标

1. 熟悉无人直升机的组成及功用；

2. 掌握无人直升机的装配方法和流程；

3. 掌握无人直升机的调试方法和步骤。

能力目标

1. 能够识别无人直升机的组成部件；

2. 能够独立地组装无人直升机；

3. 能够对无人直升机进行调试。

素质目标

1. 具有耐心细致、精益求精的工作态度，养成科学务实的工作作风；

2. 具有工作规范意识，养成良好的职业行为习惯；

3. 树立航空产品质量第一的意识，培养安全文明生产的职业素养。

任务4.1 认识无人直升机

【任务描述】

笔记

无人直升机是目前无人机领域应用较为广泛的一种飞行器。对于无人机从业人员来说，认识无人直升机也是十分必要的。了解无人直升机的结构组成及各组成部件的功能，才能够正确地识别无人直升机，从而为后面学习无人直升机的组装与调试打下坚实的基础。本任务主要介绍无人直升机的基本组成、各组成部件的功用，无人直升机组装流程及配件清单。

【相关知识】

4.1.1　无人直升机基本组成

　　无人直升机是一种飞行升力主要由在垂直轴上一个或多个动力驱动的旋翼产生的无人机，其运动状态改变的操纵一般通过改变旋翼桨叶角来实现。无人直升机具有大多数固定翼无人机所不具备的可垂直升降、悬停、小速度向前或向后飞行的特点，这些特点使得无人直升机在很多场合大显身手。无人直升机与固定翼无人机相比，其缺点是速度低、油耗量较高、航程较短。无人直升机的机体结构包括机身、旋翼系统、尾桨、操纵系统和起落架等，如图4-1所示。

图4-1　无人直升机结构

　　（1）机身

　　机身是无人直升机的主要结构，主要用于支持和固定动力装置、旋翼系统、尾桨起落架等部件，也可为安装操作机构、附件及其他设备提供空间。机身同时又是直接承受空气动力的部件，构成直升机的气动外形。另外，机身还具有承载和传力的作用，飞行中的各种载荷通过连接接头以集中载荷的形式作用于机身上，并通过机身结构把这些力和力矩分散到各个部位，最终使机身各个部位上的力和力矩获得平衡。机身的内部件包括大梁、隔框、桁条、长桁等。

　　（2）旋翼系统

　　旋翼系统由桨叶和桨毂组成。其主要功用是产生升力（旋翼拉力）。旋翼系统首先具有类似机翼的功能，产生向上的力；其次具有类似飞机动力系统的功能，产生向前的推力；还具有类似飞机操纵面的功能，产生改变飞机姿态的俯仰力矩或滚转力矩。因此，旋翼系统是直升机上最复杂的部件。

燃料动力直升机通常采用变桨距主旋翼，而电动直升机相当一部分采用不变桨距的主旋翼。

（3）尾桨

旋翼在提供升力的同时，直升机机身也会因反扭矩的作用而具有向反方向旋转的趋势。为了克服旋翼旋转产生的反作用扭矩，常见的做法是用另一个小型旋翼作为尾桨，在机身尾部产生抵消反向运动的力矩，人们将这种直升机称为单旋翼直升机。

尾桨还可以对直升机进行航向操纵，旋转着的尾桨相当于一个垂直安定面，能对直升机航向起稳定作用。虽然尾桨的功用与旋翼不同，但它们都由旋转而产生空气动力，在向前飞行时都处于不对称气流中，因此尾桨结构和旋翼结构大致相似。

（4）操纵系统

无人直升机不同于固定翼无人机，一般都没有在飞行中供操纵的专用活动舵面或副翼，主要靠旋翼和尾桨进行操纵。这是因为只有当气流速度很大时舵面或副翼才能产生足够的空气动力，而在小速度飞行或悬停中，其作用很小。

无人直升机的操纵系统是指传递操纵指令，进行总距操纵、变距操纵和航向操纵的操纵机构和操纵线路。通过总距操纵来实现直升机的升降运动；通过变距操纵来实现直升机的前、后、左、右运动；通过航向操纵来改变直升机的飞行方向。

总距操纵用来操纵旋翼的总桨距，使各片桨叶的迎角同时增大或减小，从而改变旋翼拉力的大小，当拉力大于直升机重力时，直升机就上升；反之，直升机则下降。旋翼总桨距改变时，旋翼的需用功率也随着改变。因此，必须相应地改变发动机的油门，使发动机的输出功率与旋翼的需用功率相匹配以保持旋翼速度不变。改变总桨距时，油门开度也相应地改变，因此总距操纵一般又称总桨距-油门操纵。

变距操纵即为周期变距操纵，它通过自动倾斜器使桨叶的迎角周期改变，从而使桨叶升力周期改变，并由此引起桨叶周期挥舞，最终导致旋翼锥体相对于机体向着驾驶杆运动的方向倾斜。由于拉力基本上垂直于桨盘平面，因此拉力也向驾驶杆运动方向倾斜，从而实现纵向（包括俯仰）及横向（包括滚转）运动。例如，当拉力前倾时，产生向前的分力，直升机向前运动。

航向操纵是用方向舵操纵尾桨的推力（或拉力）的大小实现航向操纵。当尾桨的推力（或拉力）改变时，此力对直升机重心的力矩与旋翼的反作用力矩不再平衡，直升机绕垂直轴转动，使航向发生变化。

（5）起落架

直升机起落架的主要作用是吸收在着陆时由垂直速度带来的能量，减少着陆时撞击引起的过载，以及保证在整个使用过程中不发生"地面共振"。此外，起落架往往还使直升机具有在地面运动的能力，减少滑行时由于地面不平而产生的撞击与颠簸。

4.1.2　无人直升机的装配流程

固定翼无人机整个组装流程如图4-2所示。

图4-2　固定翼无人直升机装配流程

4.1.3 无人直升机配件清单

亚拓450无人直升机是一种常用的飞行训练无人机，这里以亚拓450无人直升机为例，介绍无人直升机的装配过程，其配件清单如表4-1所示。

表4-1 亚拓450无人直升机配件清单

部位	零部件		数量
机体系统	机身中心板		1
	机身侧板		2
	陀螺仪固定座		1
	锁尾舵机盒		1
	起落架		1
	机头罩		1
	主轴固定座		2
	电动机固定座		1
	电池固定座		1
	尾管固定座		1
	机身底板		1
	尾管		1
	定风翼		1
	尾部平衡翼		1
	尾部支撑架		2
	螺栓	各种规格	若干
动力系统	电动机	2845/4800kV	1
	电子调速器	无刷电调40A	1
	电池	2700mA·h	1
	电动机齿轮		1
	大齿盘		1
	主旋翼总成		1
	总成固定板		1
	尾管传动杆组件		1
	尾波箱总成		1
	尾舵控制杆组件		1
	主旋翼		2
	尾旋翼		2
飞控系统	陀螺仪		1
	遥控接收机		1
	舵机		4
遥控系统	遥控器	6通道	1

【任务实施】

技能训练任务：认识无人直升机

1. 训练目的

通过认识无人直升机各组成部件，掌握无人直升机的结构组成及各组成部件的功能，能够独立地识别无人直升机各组成部件名称及功用，为后续无人直升机的组装工作打下基础。

2. 训练内容

工作任务单

任务名称	认识无人直升机		
工具/设备/材料			
类别	名称	单位	数量
设备	无人直升机	架	1
1.工作任务			
认识无人直升机各组成部件			
2.工作准备			
准备好无人直升机			
3.工作步骤			
(1)在无人直升机上指出机身部位；			
(2)在无人直升机上指出起落架部位；			
(3)在无人直升机上指出动力装置部位和类型；			
(4)在无人直升机上指出传动系统部位；			
(5)在无人直升机上指出旋翼系统部位；			
(6)在无人直升机上指出尾翼部位；			
(7)在无人直升机上指出飞控系统部位并说出功用；			
(8)在无人直升机上指出接收机部位并说出功用；			
(9)在无人直升机上指出GPS模块部位并说出功用			
4.结束工作			
(1)清点工具和设备			
(2)清扫现场			

笔记

【巩固练习】

1.简述无人直升机的结构组成及各部件的功用。
2.简述无人直升机的装配流程。

任务4.2　装配无人直升机主旋翼头组

【任务描述】

　　无人直升机的机体结构要比多旋翼无人机的机体结构复杂得多，而主旋翼头组是无人直升机机体结构的一个重要组成部分，了解无人直升机主旋翼头组的装配方法和装配流程，才能掌握无人直升机主旋翼头组正确的装配方法，为后续的无人直升机的机身装配奠定基础。本任务主要介绍主旋翼头组的内部组成结构，主旋翼头组的装配方法和装配步骤。

笔记

【相关知识】

4.2.1　检查主旋翼头组零件

　　先将主旋翼头组零件包装袋撕开，检查各组装零件，确保零件没有缺失，如图4-3所示。

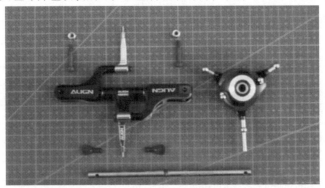

图4-3　主旋翼头组零件

4.2.2　装配主旋翼头组零件

　　（1）安装止推轴承

　　将横轴垫圈装入中联，将润滑脂均匀地涂抹在止推轴承上，组合好止推轴承，两边的垫片上分别标记有 IN 和OUT，其中标记IN的那边朝向桨夹内侧安装，如图4-4所示。

图4-4　止推轴承组装

（2）安装横轴、轴承和大桨夹

横轴螺栓套上垫片，打一点螺丝胶。将滚珠轴承、止推轴承垫片、止推轴承依此穿入横轴，并拧入横轴螺栓，把安装好轴承的横轴穿入大桨夹，不要遗漏大桨夹和中联之间的那个铝套，将横轴穿入中联，在横轴表面涂抹适当润滑油。将另一边的桨夹，按照上面的顺序，安装好轴承，并穿入横轴，拧入横轴螺栓。使用两把螺丝刀，拧紧横轴螺栓，如图4-5所示。

图4-5　横轴穿上桨夹后拧紧横轴螺栓

（3）安装DFC连杆

将十字盘上的球头拆下，重新打上螺丝胶安装好，将DFC连杆打上螺丝胶，拧入大桨夹连杆。把DFC球头扣入DFC连杆，注意球头扣比较紧，需要慢慢拧入。球头扣的A面朝上。DFC连杆和球头扣要全部拧入。将2根DFC连杆全部安装好，如图4-6所示。

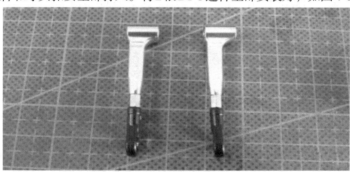

图4-6　安装好的DFC连杆

（4）安装中联

将主轴穿入十字盘，注意不要弄错主轴的方向。安装中联，用螺栓固定。固定螺栓的安装有正反之分，螺母安装在中联有六角凹槽的一面。安装好螺母，拧紧固定螺栓，螺栓上记

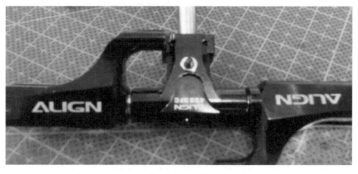

图4-7　中联安装螺母后固定

笔记

得打螺丝胶。如图4-7所示。

（5）安装球头扣与球头

把中联上的两颗加固螺栓拆下打胶，重新上紧。把组装好的DFC连杆总成的球头扣，按入十字盘的球头，如图4-8所示。

笔记

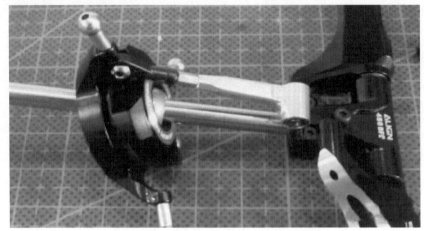

图4-8　组装好的球头扣按入十字盘球头

（6）安装DFC连杆与大桨夹间的螺栓

将主旋翼夹连杆装好，然后将主轴插入十字盘，由于主轴中间有一圈小的凸起，所以十字盘穿过主轴后会被固定在中间，之后将主轴穿入主旋翼固定座用螺栓拧紧就行，这样主旋翼头组就组装完成了，如图4-9所示。

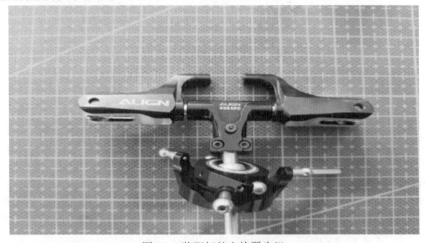

图4-9　装配好的主旋翼头组

【任务实施】

技能训练任务：装配无人直升机主旋翼头组

1. 训练目的

通过无人直升机主旋翼头组的装配训练，掌握无人直升机主旋翼头组的装配方法和装配流程及注意事项，能够独立地完成无人直升机主旋翼头组的组装，培养无人直升机主旋翼头组的装配技能，为后续无人直升机机身的装配工作打下基础。

2.训练内容

工作任务单

任务名称	装配无人直升机主旋翼头组		
工具/设备/材料			
类别	名称	单位	数量
设备	主旋翼头组件	套	1
工具	螺丝刀	套	1
	热熔胶枪	把	1
材料	润滑油	瓶	1
	螺丝胶	瓶	1
	螺栓	个	若干
	螺母	个	若干

1.工作任务

装配无人直升机主旋翼头组

2.工作准备

(1)准备好工具和材料,检查工具的有效性,材料应符合标准

(2)将需要安装的无人直升机零件分类摆放

(3)检查使用的工具是否损坏

(4)检查是否有零件缺失

3.工作步骤

(1)安装止推轴承

(2)安装横轴、轴承和大桨夹

(3)安装DFC连杆

(4)安装中联

(5)安装球头扣与球头

(6)安装DFC连杆与大桨夹间的螺栓

4.结束工作

(1)清点工具和设备

(2)清扫现场

【巩固练习】

1.简述亚拓450无人直升机主旋翼头组的结构组成。

2.简述亚拓450无人直升机主旋翼头组的装配流程。

笔记

任务4.3　装配无人直升机机身

【任务描述】

　　机身的作用是把无人直升机的各部件连接到一起，它是无人直升机机体结构的一个重要组成部分，了解无人直升机机身的装配方法和装配流程，才能掌握无人直升机机身正确的装配方法，为后续的无人直升机的尾部部件的装配打下基础。本任务主要介绍机身的内部结构组成，机身的装配方法和组装步骤。

笔记

【相关知识】

4.3.1　机身组成

　　无人直升机机身主要由侧板、调速器座、主轴固定座、起落架等组成。

4.3.2　装配机身

　　（1）安装调速器座与机身右侧板
　　开始组装机身，先看看侧板，有左右之分，防止安装错误，如图4-10、图4-11所示。

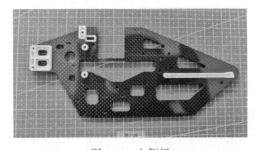
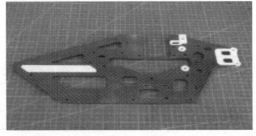

图4-10　左侧板　　　　　　　　　　　　图4-11　右侧板

　　下面开始组装机身，这里先将调速器座与机身右侧板用螺栓固定，如图4-12所示。

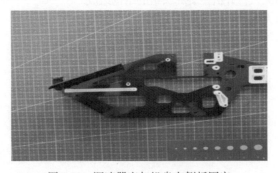

图4-12　调速器座与机身右侧板固定

（2）安装调速器座与机身右侧板

将上面组好的主旋翼部分放在右侧板中部，将左侧板与右侧板对齐装好，将螺栓拧紧。新款主轴固定座，两块完全一样，无上下之分，如图4-13所示，将主轴固定座先安装在侧板上，暂时不锁紧固定螺栓，如图4-14所示。

 笔记

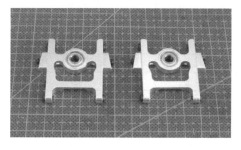

图4-13　主轴固定座

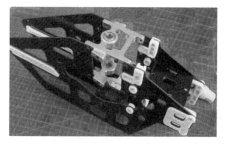

图4-14　左、右侧板与主轴固定座组装

（3）安装起落架和主旋翼头组

组装起落架，装好后如图4-15所示。

装好后对准机身底部的小孔，将两边的螺栓拧紧，同时将主旋翼头组插入固定座，如图4-16所示。

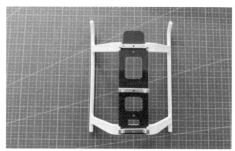

图4-15　起落架

图4-16　装好起落架后的机身

【任务实施】

技能训练任务：装配无人直升机机身

1. 训练目的

通过无人直升机机身的装配训练，掌握无人直升机机身的装配方法和装配流程及注意事项，能够独立地完成无人直升机机身的组装，培养无人直升机机身的装配技能，为后续无人直升机尾部的装配工作打下基础。

2. 训练内容

工作任务单

任务名称	装配无人直升机机身		
工具/零部件/材料			
类别	名称	单位	数量
工具	热熔胶枪	把	1
	螺丝刀	把	1
部件	机身中心板	个	1
	机身侧板	个	2
	主轴固定座	个	2
	陀螺仪固定板	个	2
	起落架	个	1
材料	螺丝胶	瓶	1
	螺栓	个	若干
	螺母	个	若干

1. 工作任务

装配无人直升机机身

2. 工作准备

(1)清理零件,将装配部件都放在工作台上

(2)检查装配工具和材料

3. 工作步骤

(1)区分左右侧板

先看看新款的侧板,有左右之分

(2)安装主轴固定座

将主轴固定座先安装在侧板上,暂时不锁紧固定螺栓

(3)主旋翼头组插入固定座

将装好的主旋翼头穿入主轴固定座,调整好主轴固定座位置,使得主轴能顺利穿过上下轴承座,无阻力。然后依次打胶锁紧主轴固定座螺栓

(4)安装陀螺仪固定板

安装好机身上2块陀螺仪固定板

(5)组装起落架

组装起落架,装好后对准机身底部的小孔,将两边的螺栓拧紧

4. 结束工作

(1)清点工具和设备

(2)清扫现场

【巩固练习】

1. 简述亚拓450无人机机身的结构组成。
2. 简述无人直升机机身的装配流程。

笔记

任务 4.4　装配无人直升机尾旋翼组

【任务描述】

　　直升机尾旋翼组主要包括尾管和尾旋翼，尾旋翼是指单旋翼直升机为平衡旋翼扭矩产生的反作用力矩而在机身尾部所装置的小型旋翼，它是保证无人直升机航向稳定的一个重要组成部件。了解无人直升机尾旋翼组的装配方法和装配流程，才能掌握无人直升机尾管和尾旋翼等尾部组件正确的装配方法，为后续的无人直升机的调试打下基础。本任务主要介绍无人直升机尾旋翼组结构组成，尾旋翼组的装配方法和装配步骤。

笔记

【相关知识】

4.4.1　尾旋翼组介绍

　　尾旋翼组主要包括尾管和尾旋翼。尾旋翼组的装配主要包括尾管固定座、尾波箱总成、尾杆、尾支撑杆固定片等零部件的装配。

4.4.2　尾管固定座装配

　　将机身安装好后就应该安装尾部了，尾管固定座如图4-17所示。
　　将尾管固定座安装在机身上，如图4-18所示。

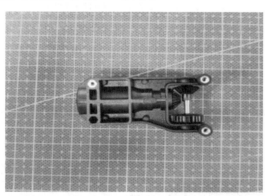

图4-17　尾管固定座

图4-18　将尾管固定座安装在机身上

4.4.3 尾波箱总成装配

在组装尾波箱总成的伞齿时，要前推到底，避免齿咬合不顺畅。同时，要注意尾控制连杆有些微干涉，动作不顺畅，都将影响尾舵锁定效果，所以，但凡尾控制连杆有一点不顺畅都要拆掉重新装，避免影响尾舵。装好尾波箱总成后将尾桨装上。之后就应该开始安装传动轴，将轴承套在传动轴上。这里要注意把轴承装在传动轴中心，套上橡皮套，还要涂些润滑油。随后就可以将传动轴套进尾杆，尾杆的一段要装进尾波箱总成，这里注意尾杆上的小孔要和尾传动轴对齐，然后将尾波箱总成与尾杆用螺栓固定住，如图4-19所示。

再将垂直尾翼也装好，如图4-20所示。

笔记📝

 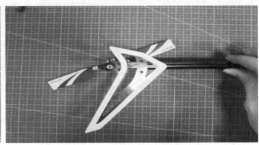

图4-19 尾波箱总成部分的安装　　　　　图4-20 安装垂直尾翼

4.4.4 尾杆装配

尾波箱总成装好后，可以开始着手处理尾杆上的其他部分了。首先，将尾舵机拉杆固定环穿过尾杆，然后从尾椎拉钢丝穿过固定环，稍微调整一下长度，以确保尾舵机在中立点时，尾变距的滑块处于尾轴的中间，将钢丝的两端套上球头扣，分别固定在尾舵机和尾波箱总成上，随后将尾杆的另一端插入尾管固定座，注意要对准缺口插入，确保插入后尾管无法转动，用螺栓拧紧，如图4-21所示。

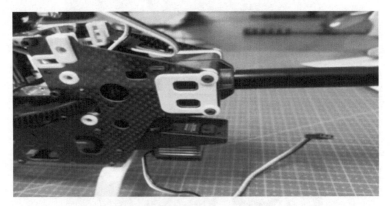

图4-21 安装好的尾杆

将水平翼装在尾杆上，如图4-22所示。
将尾杆支撑组一端安装在机架与机身交界处，如图4-23所示。
将尾杆支撑组一端安装在水平翼上，如图4-24所示。

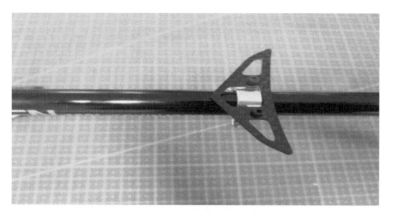

图4-22　安装好的水平翼

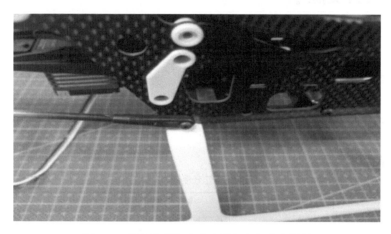

图4-23　尾杆支撑组安装在机架与机身交界处

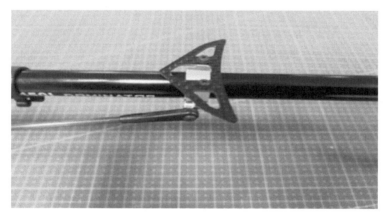

图4-24　尾杆支撑组安装在水平翼上

4.4.5　尾支撑杆固定片装配

将尾支撑组装好后开始装尾支撑杆固定片，这里要注意尾支撑杆固定片上，两条凹陷组成的梯形的较宽的那一边对着机头，装好后如图4-25所示。

图4-25 尾支撑杆固定片的安装

【任务实施】

技能训练任务：装配无人直升机尾旋翼组

1. 训练目的

通过无人直升机尾旋翼组的装配训练，掌握无人直升机尾旋翼组的装配方法和装配流程及注意事项，能够独立地完成无人直升机尾旋翼组的组装，培养无人直升机尾旋翼组的装配技能，为后续无人直升机的调试工作打下基础。

2. 训练内容

工作任务单

任务名称	装配无人直升机尾旋翼组		
工具/零部件/材料			
类别	名称	单位	数量
工具	热熔胶枪	把	1
	螺丝刀	把	1
部件	尾旋翼组	套	1
材料	螺丝胶	瓶	1
	螺栓	个	若干
	螺母	个	若干
1.工作任务			
装配无人直升机尾旋翼组			
2.工作准备			
(1)清理零件,将装配组件都放在工作台上			
(2)检查装配工具和材料			
3.工作步骤			
(1)尾管固定座装配			
(2)尾波箱总成装配			
(3)尾杆装配			
(4)尾支撑杆固定片装配			
4.结束工作			
(1)清点工具和设备			
(2)清扫现场			

【巩固练习】

1. 简述亚拓450无人直升机尾旋翼组的组成。
2. 简述无人直升机尾旋翼组的装配流程。

笔记

任务 4.5 装配无人直升机电子设备

【任务描述】

电子设备是无人直升机的重要组成部分，特别是飞控系统，它是无人直升机的控制指挥中心，了解无人直升机电子设备的装配方法和装配流程，才能掌握无人直升机各个电子组成部件正确的装配方法，为后续的无人直升机的调试打下基础。本任务主要介绍无人直升机的舵机、电机、电调、接收机、飞控系统、GPS、电流计等设备的装配方法和装配步骤。

笔记

【相关知识】

4.5.1 无人直升机电子设备概述

亚拓450无人直升机电子设备包括舵机、电机、电调、接收机、飞控系统、GPS、电流计等设备，无人直升机电子设备装配包括舵机、电机、电调、接收机、飞控系统、GPS、电流计等设备的装配。

4.5.2 无人直升机电子设备装配

（1）舵机安装

① 尾舵机安装。先将尾舵机安装在舵机架上，如图4-26所示。

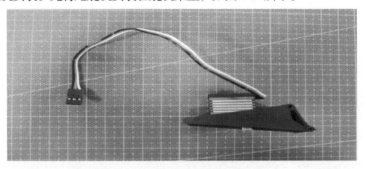

图4-26 尾舵机安装在舵机架上

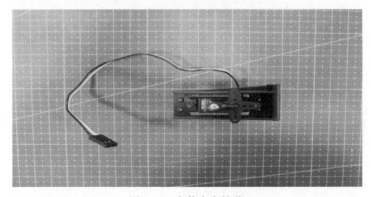

图4-27 安装十字舵臂

再把十字舵臂装上，同时把球头装在90°角的那个安装角上，如图4-27所示。

最后把尾舵机安装到机身上，如图4-28所示。

图4-28 尾舵机安装在机身上

② 其他舵机安装。将装好球头的舵机摇臂（图4-29）安装到舵机上，如图4-30所示。

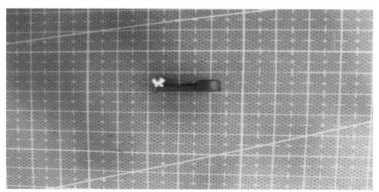

图4-29 舵机摇臂

图4-30 舵机摇臂安装

再将最后一个舵机装好，这个舵机装在机身右侧（另一个舵机旁），这里要注意这个舵机的摇臂是向着机身内部安装的，如图4-31所示。

笔记

135

图4-31　最后一个舵机的安装

舵机装好之后，开始组装球头连杆，装好的球头连杆如图4-32所示。

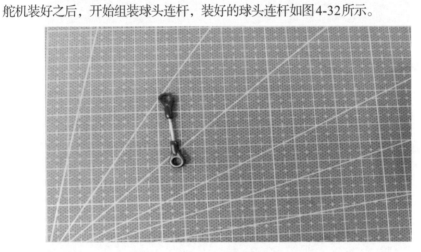

图4-32　球头连杆

装好球头连杆后，将球头连杆一端扣在三个舵机的球头上，一端扣在十字盘的三个球头上，装好后如图4-33所示。

图4-33　球头连杆的安装

（2）电机安装

首先，将电机安装在电机座上，用螺栓固定好。然后，就可以安装电机齿了，这里要注意一下，电机齿的顶丝安装一般都是顺滑的，能十分轻松地拧入，如果拧入时手感较重，就要退出重新安装，不可强行拧入，否则，会造成齿轮丝扣滑丝，电机齿装好后如图4-34所示。

图4-34　电机装好电机齿

随后，将电机安装在机身上，电机安装时注意电机齿下缘要与大小齿盘组下缘接触，适当调节间隙的大小，装好后如图4-35所示。

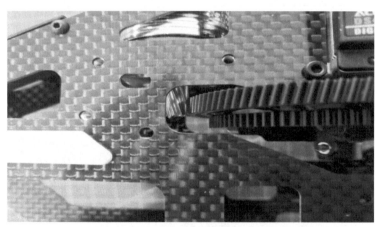

图4-35　电机齿与大小齿盘相接

（3）飞控及周边电路安装

飞控端口和技术参数，如图4-36所示。

图4-36　端口和技术参数

笔记

① 按键开关安装。将按键开关连接到飞控的SAFETY/BUFFER插口，如图4-37所示。

② 电流计安装。将其一端连接电调电源输入插口，将POWER口连接线一端与电流计相连接，另一端连接飞控上的按键开关插口，如图4-38所示。

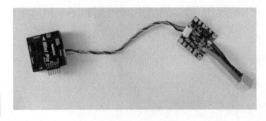 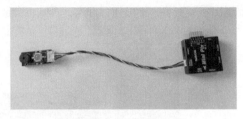

图4-37　按键开关安装　　　　　　　　　　　图4-38　电流计安装

③ 电调（图4-39）的安装。在电调最粗的两根线上焊上一个T插，如图4-40所示。

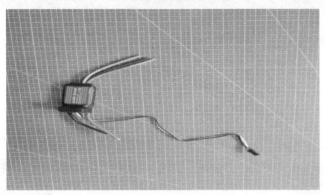

图4-39　电调安装

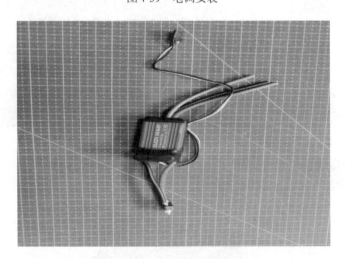

图4-40　电调上焊上一个T插

电调与电机线接好，如图4-41所示。

接好后将电调用扎带固定在调速器座上，如图4-42所示。

④ 安装飞控。乐迪R9DS接收机应与乐迪Mini Pix飞控左上角位置的RC IN/RSSI端口相连接，如图4-43所示。

138

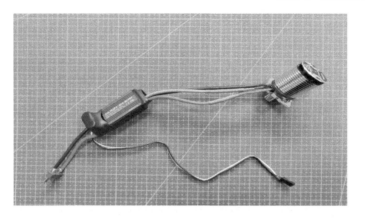

图4-41　电调与电机线接好

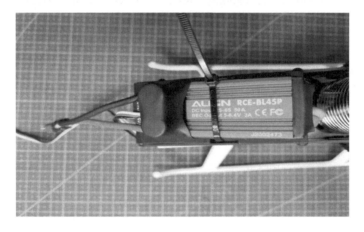

图4-42　电调固定在调速器座上

图4-43　飞控与接收机的连接

⑤ 飞控与舵机、电调的连接。乐迪Mini Pix飞控右上角位置的ESC端口可以与舵机、电调相连接，1号、2号接副翼舵机， 3号接升降舵机，4号接方向舵舵机，5号接电显、前转向轮舵机等（具体型号不同有所差异，要对照说明书连接），电调的信号线接飞控的ESC6。乐迪Mini Pix飞控与舵机、电调的连接如图4-44所示。

⑥ GPS安装。将GPS信号输出线与GPS/I²C插口相连接，用4M胶将GPS粘贴在飞控底座上。

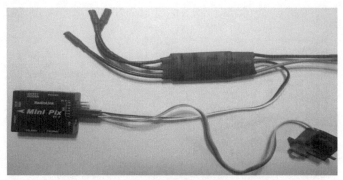

图4-44　飞控与舵机、电调的连接

（4）电池安装

安装完电调之后就可以开始安装电池，将电池固定板推入，如图4-45所示。

将电池放在电池固定板上，如图4-46所示。

图4-45　推入电池固定板

图4-46　装入电池

将大桨装好，套上机头罩，组装就完成了，如图4-47所示。

图4-47　安装好的亚拓450无人直升机

【任务实施】

技能训练任务：装配无人直升机电子设备

1. 训练目的

通过无人直升机电子设备的装配训练，掌握无人直升机电子设备的装配方法和装配流程，能够独立地完成无人直升机电子设备的装配，培养无人直升机电子设备的装配技能，为后续无人直升机的调试工作打下基础。

140

2. 训练内容

工作任务单

任务名称	装配无人直升机电子设备		
工具/零部件/材料			
类别	名称	单位	数量
工具	钳子	把	1
	螺丝刀	把	1
	电烙铁	把	1
零部件	GPS	个	1
	电流计	个	1
	MINI PIX飞控	个	1
	接收机	个	1
	电调	个	1
	按键开关	个	1
	舵机	个	4
	电机	个	1
	电池	组	1
材料	胶水	瓶	1
	螺栓	个	若干
	螺母	个	若干
	扎带	根	若干
	T形插头	个	1
	热缩管	根	1
1.工作任务			
装配无人直升机电子设备			
2.工作准备			
(1)清理零部件,将装配零部件都放在工作台上			
(2)检查装配工具和材料			
3.工作步骤			
(1)尾舵机安装			
(2)其他3个舵机安装			
(3)电机安装			
(4)按键开关安装			
(5)电流计安装			
(6)电调安装			
(7)接收机安装			
(8)飞控安装			
(9)安装GPS			
4.结束工作			
(1)清点工具和设备			
(2)清扫现场			

笔记

【巩固练习】

1. 亚拓450无人机直升机含有哪些电子设备?
2. 简述亚拓450无人直升机电子设备的装配步骤。

笔记

任务4.6 调试无人直升机飞控系统

【任务描述】

飞控系统是无人机的控制指挥中心，了解无人直升机飞控系统的调试方法，才能正确地调试无人直升机飞控系统，为后续的无人直升机的参数设置打下基础。本任务主要介绍无人直升机飞控系统加速度校准、遥控器校准、罗盘校准、飞行模式设置、失控保护设置以及无人直升机设置等方法和步骤。

笔记

【相关知识】

4.6.1 安装地面站和固件

这里以常用的MINI PIX飞控系统为例来进行讲解。

（1）安装地面站

首先，Mission Planner的安装运行需要微软的Net Framework 4.6.2 组件，官方下载地址为：net4.6.2下载链接。安装完Net Framework后开始Mission Planner安装程序包：Mini Pix专用地面站下载链接。安装过程中会弹出设备驱动程序安装向导，请点击下一步继续，等待安装完成，如图4-48所示。

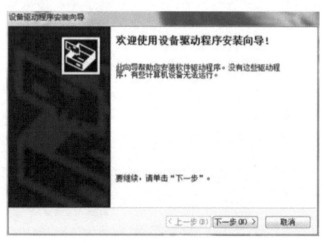

图4-48 Mission Planner地面站安装

（2）下载刷入固件

固件安装前先连接Mini Pix的USB线到电脑，确保电脑已经识别到Mini Pix的COM口后，打开Mission Planner，在MP主界面的右上方端口下拉框那里选择对应的COM口，然后波特率选择115200。点击安装固件，窗口右侧会自动从网络下载最新的固件并以图形化显示固件名称以及固件对应的飞机模式，只需要在对应飞机模式的图片上点击，MP就会自动从网络上下载该固件，出现如下提示，如图4-49所示。

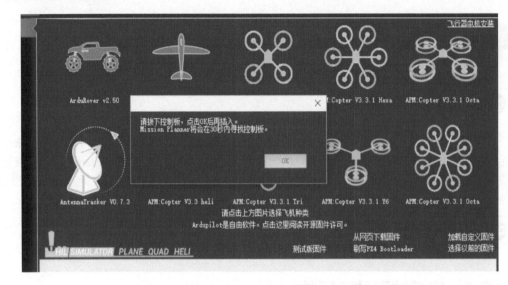

图4-49　下载固件

先拔下USB线，点击OK，再马上插上USB线，然后自动完成连接识别飞控，刷入固件，如图4-50所示。

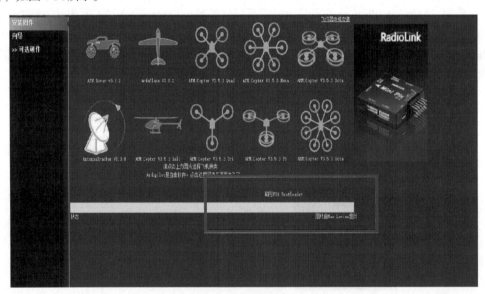

图4-50　刷入固件

固件安装提示Done成功后，就可以点击右上角的connect连接按钮连接飞控，进行设置校准。

4.6.2　传感器校准

（1）加速度校准

加速度的校准建议准备一个六面平整、边角整齐的方形硬纸盒或者塑料盒，之后按如图4-51所示步骤开始校准，执行6个动作，每次按电脑回车键确认。

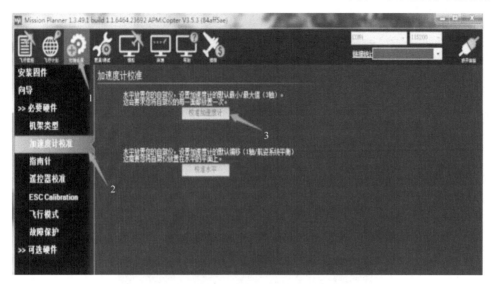

图4-51　校准加速度计

Place vehicle LEVEL and press any key（水平放置）完成后回车键保存，如图4-52所示。

图4-52　水平放置

Place vehicle on its LEFT side and press any key（向左边放置）完成后回车键保存，如图4-53所示。

图4-53　左边放置

Place vehicle on its RIGHT side and press any key（向右边放置）完成后回车键保存，如图4-54所示。

图4-54　右边放置

笔记

Place vehicle nose DOWN and press any key（向下放置）完成后回车键保存，如图4-55所示。

图4-55　向下放置

Place vehicle nose UP and press any key（向上放置）完成后回车键保存，如图4-56所示。

Place vehicle on its BACK and press any key（反过来放置）完成后回车键保存，如图4-57所示。

图4-56　向上放置　　　　　　　　　　　图4-57　反过来放置

（2）罗盘校准

当使用带有罗盘芯片的GPS时，此时指南针校准界面会出现如下界面，如图4-58所示。

146

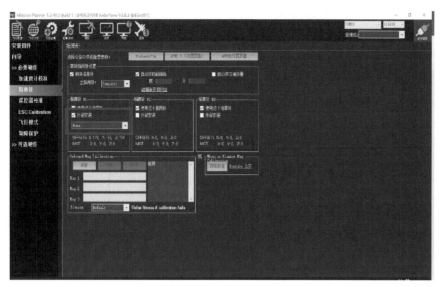

图4-58　外置罗盘

在出现的指南针1号上添加了外部安装和方向选择框，此时指南针1号就是外置罗盘（GPS上的罗盘），指南针2号就是飞控内置罗盘；当GPS安装方向与飞控方向一致时，无需任何操作，方向默认为None。

当安装方向选择并固定好后，点击开始按钮，转动飞控与GPS，如图4-59所示。

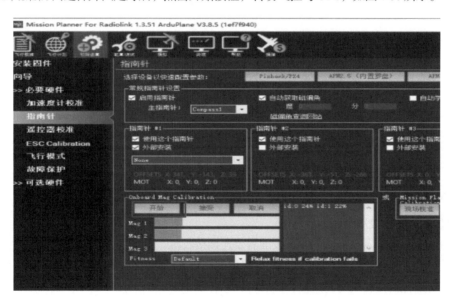

图4-59　开始罗盘校准

采用如图4-60所示动作校准。

在转的过程中，系统会不断记录罗盘传感器采集的数据，进度条右边的百分数会不断变化，如果数据没有变化，请检查罗盘是否已经正确连接或罗盘芯片硬件是否正常。在进度条走到最右端之后，系统会出现一个提示框，如图4-61所示。

笔记

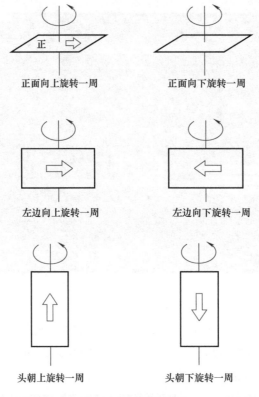

正面向上旋转一周　　　　　　　　正面向下旋转一周

左边向上旋转一周　　　　　　　　左边向下旋转一周

头朝上旋转一周　　　　　　　　　头朝下旋转一周

图4-60　罗盘校准动作

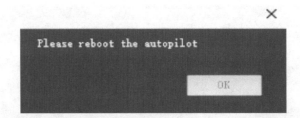

图4-61　请重启飞控提示框

点击OK后给飞控重新上电，重启之后即完成罗盘校准。

（3）遥控器校准

首先进行遥控器校准，遥控器校准需要连接接收机，飞控通过USB数据线成功连接地面站。这里遥控器都以乐迪AT9S为例，都是在多旋翼模型下设置，之后不再说明，请按说明书进行遥控器接收机对码连接，然后打开遥控器电源，当遥控器处于休眠锁定状态（按键，拨盘无效状态），按住拨盘中间的Push键进行解锁。

按Mode键，进入基础菜单，选择机型，进入拨动拨盘到机型选项，按Push进行选中，拨动拨盘，选择多旋翼模型，按Push键等待嘀嘀响声结束即保存模式，之后按End退出，如图4-62所示。

因为对于AT9S遥控器，需要把油门反相，按Mode键，进入基础菜单，选择舵机相位，选择4：油门，按Push选中，拨动拨盘选择到反相，按Push选中保存，按End退出即可，遥控器设置完成。油门反相设置如图4-63所示。

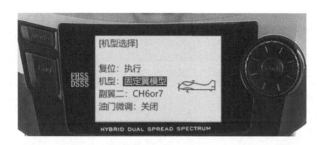

图4-62　机型设置

```
[舵机相位]        1:副翼      正相
                2:升降      正相
三通：油门       3:油门      反相
                4:尾舵      正相
反相   正相      5:姿态      正相
                6:辅助一     正相
九通：正相       7:辅助二     正相
十通：正相       8:辅助三     正相
```

图4-63　油门反相

运行 MP，按图4-64步骤选择好波特率与端口后点击connect连接飞控，接着点击初始设置——必要硬件——遥控器校准——点击窗口右边的校准遥控按钮。

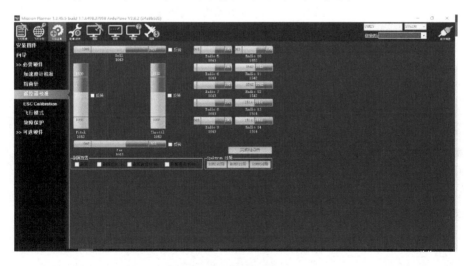

图4-64　遥控器校准

点击校准遥控器后会弹出提醒：确认遥控发射端已经打开和接收机已经通电连接，确认电机没有通电，弹出框如图4-65所示。

点击OK开始拨动遥控开关，使每个通道的红色提示条移动到上下限的位置。如图4-66所示。

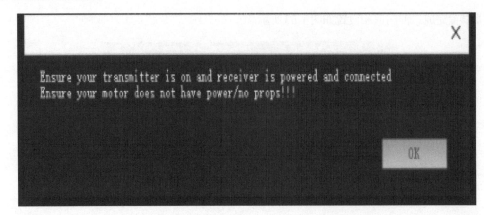

图4-65　确认遥控发射端是否已打开和接收机是否已通电连接

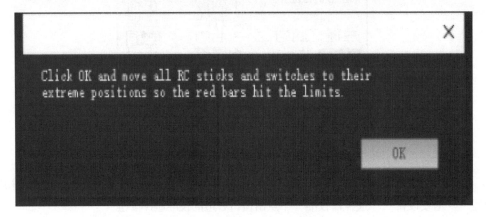

图4-66　点击OK开始拨动遥控开关

当每个通道的红色指示条移动到上下限位置的时候，点击完成，点击保存校准后，完成遥控器的校准，如图4-67所示。

图4-67　遥控器校准完成

4.6.3　飞行模式设置

Mini Pix有多种飞行模式可以选择，但一般只能设置六种，加上CH7、CH8的辅助，最多也就八种。这需要遥控器设置，以下以乐迪AT9S为例，首先飞控连接接收机，遥控器与接收机对码，之后连接MP与飞控，随后点击初始设置——必要硬件——飞行模式选择，就会弹出如图4-68所示的飞行模式配置界面。

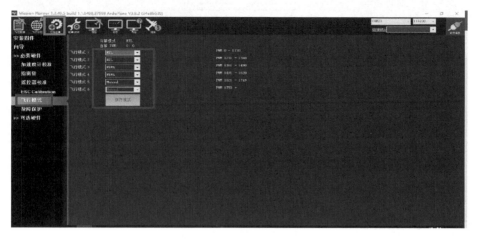

图4-68　飞行模式配置界面

笔记

下面进行遥控器的设置：打开遥控器，再次按Mode键，进入高级菜单，按Push键选择姿态选择，进入姿态设置页面。当需要6种飞行模式时，请设置三段与二段开关，如图4-69所示。

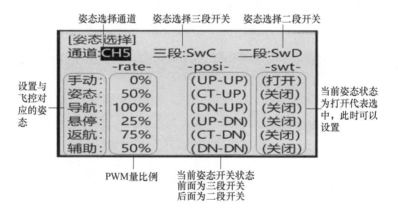

图4-69　姿态设置

在MP飞行模式中设置飞行模式1为Stabilize（自稳），设置遥控器姿态页面第一个。

① 查看第一个姿态状态是否打开，拨动开关到对应的位置到打开状态；

② 拨动拨盘到姿态名称，按Push选中后，选择自稳；

③ 查看MP飞行模式当前PWM值如图4-70所示。

设置遥控器PWM量比例，拨盘选中PWM量比例值选项，按Push选中后，拨动调整数据大小，可以看到MP中当前PMW值数据跟随变化，每种模式有其对应的PWM值，当PWM值在这个范围内，当前模式就是这个范围对应的模式，选中的模式也会变为深绿色，调整遥控器PWM量比例，让当前PWM值在模式限定范围中间，这样一种模式就设置好，模式2、模式4跟随这样设置。

④ 模式4开始需要二段开关的配合，拨动开关到遥控器对应的模式下，按照以上的方式设置即可。

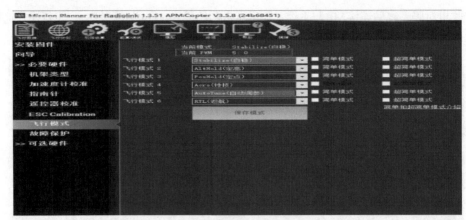

图4-70 设置飞行模式1

4.6.4 失控保护

Mini Pix的失控保护是通过故障保护菜单配置的，进入故障保护菜单时会出现一个提示框，提醒确保目前未在飞行中，如图4-71所示。

笔记

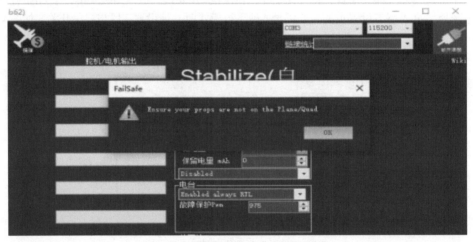

图4-71 确保目前未在飞行中提示框

点击OK后进入设置界面，如图4-72所示。

触发Mini Pix失控保护的条件有油门PWM、电池电压（需电流计）等可选，当达到触发条件，比如油门PWM值低于设定的值或者电池电压低于设定值以后，就可以启动失控保护选项了，失控保护选项有RTL（返航）、继续任务、LAND（着陆）等可选。

① 设定电池失控保护。根据飞机耗电、电池大小、飞行距离设定保护电压，当低于这个电压后，能有足够电池能让飞机返航，设置低电量值（这个值根据电池大小设置，当进行远距离飞行时，设置在单节4.8V，电压值4.8×S，4S电池就为4.8×4=19.2V；当进行近距离飞行时则可以设置单节4.6V），设定动作为RTL（返航）即可。

② 设定电台失控保护。设置遥控器上失控保护即油门失控保护，因为设置在油门低于975后启动故障保护，所以要设置油门失控值，油门最低，拨动遥控器油门微调按钮，查看故障保护中的遥控器输入4通道数值，让其值比975小于10以上，按Mode键进入基础菜单，选择失控保护，按Push选中进入，选择4:油门，拨动转盘选择F/S后，按下Push键，出现数字值即设置成功，之后记得拨动微调按钮还原。

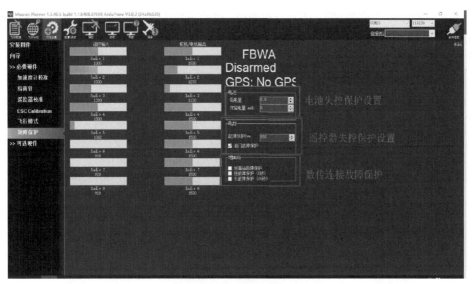

图4-72　进入设置界面

③ 设定遥控器姿态失控保护。设定此种保护前提是在飞行模式设置中有失控保护的模式。打开遥控器,拨动设置的开关到返航模式或想设定的失控保护模式,按Mode进入基础菜单,选中失控保护进入,按Push选中5:姿态,拨动选择F/S,按住Push,下方数字出现变化即可。验证可以打开地面站连接,查看MP变为RTL即成功。

4.6.5　无人直升机设置

(1) 无人直升机设置界面介绍

打开配置/调试——必要硬件——直升机安装,进入直升机参数设置界面,如图4-73所示。

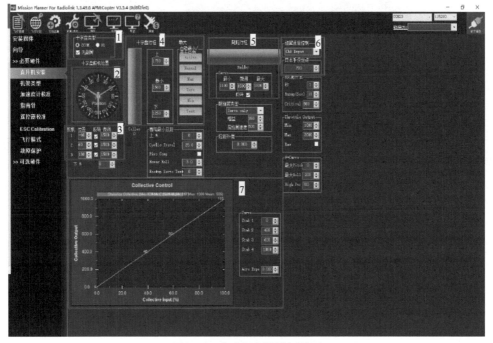

图4-73　直升机参数设置界面

参数设置界面各区域功能：①直升机类型；②直升机十字盘舵机角度显示；③十字盘舵机角度，正反，中立点微调；④十字盘行程设置；⑤尾舵行程设置；⑥旋翼速度控制；⑦螺距曲线设置。

（2）无人直升机参数设置

① 直升机类型选择。直升机类型有CCPM、H1、无副翼三种类型，一般直升机为CCPM结构。

② 十字盘行程设置。把螺距尺装到螺旋桨上，点击十字盘行程设置区域里面的Max按钮，调整"上"框中的数字，直到螺距尺显示为+10°，如图4-74所示。

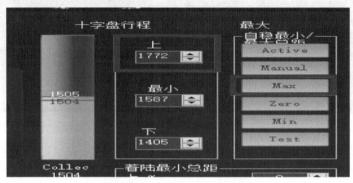

图4-74 十字盘最大行程设置

点击十字盘行程设置区域里面的Min按钮，调整"下"框中数字大小，使得螺距尺度数为−10°，如图4-75所示。

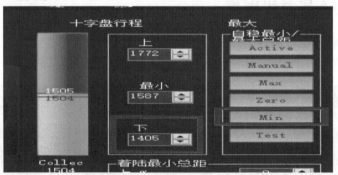

图4-75 十字盘最小行程设置

点击十字盘行程设置区域里面的Zero按钮，调整"最小框"中数字大小，使得螺距尺度数为0°，如图4-76所示。

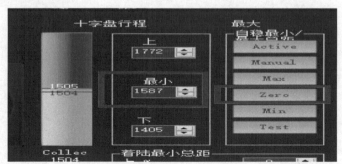

图4-76 十字盘0°行程设置

③ 尾舵行程设置。首先调整尾舵，使用遥控器控制左右查看动作是否正确，有对应的反向扭力，不让飞机自旋转，反向时取消反向的勾选，如图4-77所示。

图4-77 尾舵行程设置

尾舵行程设置与十字盘行程设置为一样的方法，先点击Max按钮，调整最大的值，选择所能达到的最大角度；再点击Min按钮，调整最小的值，选择所能达到的最大角度；最后点击Zero按钮，调整微调的值，选择到正确0°值。

④ 旋翼速度控制。推荐设置为SetPoint。

⑤ 直升机缓启动。为了应对尾舵对于修正缓慢带来的飞机旋转，请设置缓慢启动，电机一定时间输出最高转速。第1个为飞控输出给电机信号延迟时间。不推荐修改，默认即可。第2个为电机到达最大速度定速的时间，推荐加大到20s或者40s，因为刚开始锁尾不会特别好，这样避免飞机自旋，这个值必须大于第1个值。第4个为最低油门。定速值必须大于这个值。直升机缓启动设置如图4-78所示。

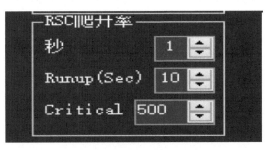

图4-78 直升机缓启动设置

⑥ 螺距曲线设置。旁边可以设置4个点的百分百，推荐中间两个点的曲线平滑一点，修改stab2为450，stab4为550。

【任务实施】

技能训练任务：调试无人直升机飞控系统

1. 训练目的

通过无人直升机飞控系统调试练习，掌握无人直升机飞控系统的调试，能够独立地选择和安装无人直升机飞控调试软件，能够独立地使用地面站软件完成无人直升机飞控系统的调试，能够独立地设置无人直升机，培养无人直升机飞控系统的调试技能。

笔记

2. 训练内容

工作任务单

任务名称	调试无人直升机飞控系统		
工具/设备/材料			
类别	名称	单位	数量
设备	遥控器	个	1
	T-REX 450L 无人直升机	架	1
	电脑	台	1
	MINI PIX 飞控系统	套	1
工具	螺丝刀	把	1
	螺距尺	块	1
材料	3S 电池	组	1
	USB 数据线	根	1
1. 工作任务			
调试无人直升机飞控系统			
2. 工作准备			
(1)准备好设备,检查设备的有效性			
(2)准备好工具和材料,检查工具的有效性,材料应符合标准			
(3)检查遥控器电量是否充足,遥控器是否正常			
(4)检查电脑和数据线是否正常			
3. 工作步骤			
(1)安装地面站			
(2)刷入固件			
(3)加速度校准			
(4)罗盘校准			
(5)遥控器校准			
(6)飞行模式设置			
(7)失控保护设置			
(8)十字盘行程设置			
(9)尾舵行程设置			
4. 结束工作			
(1)清点工具和设备			
(2)清扫现场			

【巩固练习】

1. MINI PIX 飞控系统调试需要调试哪些参数?

2. 简述使用 MP 地面站调试 MINI PIX 飞控系统的方法和步骤。

3. 如何设置无人直升机?

笔记

[课程思政]

阅读以下教学案例，结合本任务所学习的专业知识和技能，从维护作风、规范操作、工匠精神等方面，按照 "三全育人"的要求，分析案例中所蕴含的作风意识、规章意识以及责任意识等思政元素。

匠心铸战鹰　磨砺书传奇

洪家光，中国航发沈阳黎明航空发动机有限责任公司工人，特级技能师，高级工程师。在加工航空产品用的磨削工具金刚石滚轮中阴模加工工序时，洪家光主动请缨，与团队成员仔细研究叶片的结构特点，找资料、请专家、做实验，不断潜心探索实践，终于攻克这项难题。此后，经过不断努力，他与团队成员研发出叶片磨削用高精度超厚金刚石滚轮制造工具。凭借该项技术，洪家光荣获2017年度国家科学技术进步二等奖。

洪家光，从普通技工到车工、数控车双料高级技师，再到特技技能师、高级工程师，先后完成200多项技术革新，解决340多个技术难题。洪家光曾先后荣获中国青年五四奖章、全国五一劳动奖章、全国创新争先奖、全国劳动模范等荣誉称号。他通过自己不懈努力，在生产一线上创新进取、砥砺前行，成为工人阶级和广大劳动群众的优秀代表。

参 考 文 献

[1] 于坤林. 无人机概论 [M]. 北京：机械工业出版社，2019.

[2] 任仁良. 维修基本技能 [M]. 北京：清华大学出版社，2010.

[3] 于坤林，陈文贵. 无人机结构与系统 [M]. 西安：西北工业大学出版社，2016.

[4] 鲁储生. 无人机组装与调试 [M]. 北京：清华大学出版社，2019.

[5] 远洋航空教材编写委员会. 无人机装配与调试技术 [M]. 北京：北京航空航天大学出版社，2019.